工业自动化与智能化丛书

Advanced PLC Hardware & Programming
Hardware and Software Basics, Advanced
Techniques & Allen-Bradley and Siemens Platforms

高级PLC
硬件和编程

基于Allen-Bradley和Siemens平台的
软、硬件基础和高级技术

[美] 弗兰克·兰姆（Frank Lamb）◎著

路志英 ◎译

机械工业出版社
CHINA MACHINE PRESS

北京市版权局著作权合同登记　图字：01-2020-4936 号。

图书在版编目（CIP）数据

高级 PLC 硬件和编程：基于 Allen-Bradley 和 Siemens 平台的软、硬件基础和高级技术 /（美）弗兰克·兰姆（Frank Lamb）著；路志英译 . —北京：机械工业出版社，2023.4
（工业自动化与智能化丛书）

书名原文：Advanced PLC Hardware & Programming: Hardware and Software Basics, Advanced Techniques&Allen-Bradley and Siemens Platforms

ISBN 978-7-111-72913-6

I. ①高… II. ①弗… ②路… III. ① PLC 技术 – 程序设计 IV. ① TM571.61

中国国家版本馆 CIP 数据核字（2023）第 057153 号

机械工业出版社（北京市百万庄大街 22 号　邮政编码 100037）
策划编辑：王　颖　　　　　　　责任编辑：王　颖
责任校对：龚思文　梁　静　　　责任印制：郜　敏
三河市国英印务有限公司印刷
2023 年 6 月第 1 版第 1 次印刷
165mm × 225mm · 17.75 印张 · 2 插页 · 343 千字
标准书号：ISBN 978-7-111-72913-6
定价：99.00 元

电话服务　　　　　　　　网络服务
客服电话：010-88361066　机 工 官 网：www.cmpbook.com
　　　　　010-88379833　机 工 官 博：weibo.com/cmp1952
　　　　　010-68326294　金 书 网：www.golden-book.com
封底无防伪标均为盗版　机工教育服务网：www.cmpedu.com

The Translator's Words 译者序

  本书基于作者编写的 *PLC Hardware and Programming Multi-Platform*，其内容除了涵盖常见的 Allen-Bradley 和 Siemens 两大平台的 PLC 软件基础、硬件基础外，还涵盖作者自行研发的极具特色的训练机，以及与之相结合的实现工业控制（包括通信）的高级技术及编程技巧。

  本书的附录包含了主要 PLC 平台的网址信息、ASCII 表以及练习的答案，可供读者参考学习。

  本书内容全面、详细，极具参考价值，可供 PLC 技术人员阅读也可以用作高等院校教材。

  本书由路志英翻译，在翻译过程中得到了课题组研究生赵明月、倪天琪、肖阳、任腾威、丁旭东、王泽涵、王凯宣、吴浩鹏、李鑫的大力协助，在此表示由衷的感谢。

  由于译者水平有限，译文中难免有疏漏和不妥之处，敬请读者批评指正。

路志英

2023 年 2 月于天津大学

前　言 Preface

　　本书基于我 2016 年在 AuthorHouse 自行出版的 *PLC Hardware and Programming Multi-Platform*。这是一本培训手册，供我在定制 PLC 培训课程时使用。由于各 PLC 平台有很多共同之处，所以我在讲特定品牌的课程时决定采用通用方式介绍所讲授的内容。

　　自 2013 年以来，我为一家加拿大公司工作，在美国和北美其他地区讲授艾伦 - 布拉德利（Allen-Bradley，AB）和西门子（Siemens）自动化培训课程，该公司名为 Automation Training，提供 PLC、HMI（人机交互）和 SCADA（监控与数据采集系统）产品相关课程。大多数学生希望在特定的平台上接受培训——在北美，主要是 Allen-Bradley 和 Siemens 平台。其他平台在美国也很常见，但由于没有足够的培训需求，所以除了制造商的课程以外没有其他培训材料。虽然 Automation Training 公司也提供欧姆龙（Omron）、三菱（Mitsubishi）和莫迪康（Modicon）产品相关的培训课程，但需求寥寥。为了可以在培训地点使用 PLC 训练机和笔记本计算机，并支付教员的差旅费和培训费，至少需要 3 名学生报名才能开课。

　　因为我的办公地方还有很大空间，所以我在桌面上搭建了一个"迷你工厂"，专门用于高级 PLC 技术的定制培训。由于缺少硬件，我很难编写出复杂的顺序逻辑和接口例程，所以我花了大量时间寻找培训所需的模拟硬件和软件。然而，我所找到的大多数软硬件都很贵，而且没有反映出我需要强调的技术。

　　在迷你工厂（见图 1）里，我用带有转位索引的花纹传送带、擒纵器、刻度盘以及具有拿放功能的气动装置搭建了一款训练机，通过它讲授一些高级概念，例如自动顺序控制、零件跟踪和配方管理。

　　除了图 1 中显示的由 Allen-Bradley CompactLogix PLC 控制的区域外，在左侧还有一台 Siemens S7-300，以及一个带有容器、泵和阀门的过程控制区。PLC 可以通过电缆和插头连接到任何一台训练机上。

图 1　迷你工厂

　　建立这个高级培训演示意味着我的书面材料里必须涵盖这些高级技术。除了在 Automation Training 公司的课程里讲授不同 PLC 平台的指令集外，我还为 Automation NTH（一家位于田纳西州纳什维尔附近的工程和系统集成公司）的实习生、工程师及客户授课。Automation NTH 有一个名为 "NTH 大学" 的培训项目，为其内部员工提供培训。其中一个标准的培训课程是利用一个传送带和气动推料器以及几个传感器和一个可移动料仓来讲授如何搭建 PLC 应用程序。讲授这门课需要撰写和完善文件实验说明，这也增加了在培训中动手操作设备的价值，学生很喜欢这门课。

　　Automation NTH 为我制作了 PLC 训练机，如图 2 所示。讲授这些课程需要我编写介绍高新技术的资料，这样学生就可以学习到实际工业生产中使用的技术。一般来说，学生对他们在设施中使用的特定平台感兴趣。因此，培训课程通常针对特定平台的指令系统进行教学，相应的练习也需同步。典型的训练机都配有按钮、指示灯、电位器和仪表，学生编写的程序可以与它们相连接。

图 2　PLC 训练机

图 2 显示，Automation NTH 的训练机有一个内置的艾伦 – 布拉德利触摸屏操作员界面（Allen-Bradley PanelView Plus HMI）。训练机上有紧急停止按钮、循环启动按钮和循环停止按钮，以及一根连接训练机与传送带的电缆。此外，训练机上还有多色指示器，可用于模拟堆栈指示灯。

在编写了 PLC 编程通用方法手册之后，我意识到大多数学生学习时需要了解特定平台的信息。我为 Allen-Bradley ControlLogix 平台的 Automation NTH 培训课程创建了一个硬件，当我构建自己的一些训练机时，我把它也扩展到了 SLC 和 MicroLogix。

自搬家以来，已经有几个学生来到我的学校参加定制培训课。其中一个学生用的是之前展示的迷你工厂，还有几个学生用的是我自己做的训练机。虽然我不具有 Automation NTH 那样的制造能力，但我已经能够在 Allen-Bradley MicroLogix 1400 平台上搭建自己的多个训练机。

我在设计训练机时考虑到了几个重要的条件。我需要它们比市面上能买到的训练机便宜。除了购买 PLC 的费用，训练机的成本大部分是按钮和指示器的接线成本与劳动力成本。

我找到了几款便宜的触摸屏，并将其安装在我的训练机上进行了评估。我决定不把按钮连接到主面板上，而是把它们做成一个配件。我编写了一个带有 64 个按钮和指示器的 7in（1in=25.4mm）彩色触摸屏程序，还制作了用于显示和修改 64 个整数和 32 个实数或浮点数的屏幕，如图 3 所示。

图 3　带有堆栈指示灯模拟器、HMI、蜂鸣器、紧急停止（E-Stop）按钮和电源按钮的训练机

我的新训练机有紧急停止按钮、带有 MCR（Master Control Relay，主控继电器）的电源按钮和堆栈指示灯模拟器。工业机械使用这些装置，它们在与 PLC 程序连接时非常重要，并为我提供了讲授实际应用的机会。

我还将一根电缆连接到训练机上，以便它与外部设备连接，如按钮或指示灯配件。正如我前面提到的，在建造我的迷你工厂之前，我研究了训练机和模拟器，发现学校和工厂使用的大多数产品都很贵。

最终我找到了一些在欧洲使用的工厂模拟器，这些模拟器具有可编程控制器功能。一家名为 Fischertechnik 的公司在一个 9V 直流系统上建造了一个带有控制器的建筑"玩具"，它还建造了一个 24V 的系统。不过，我在美国找不到能搭建 PLC 接口的人，所以我决定自己做。

这里展示的训练机和 Fischertechnik High Bay 仓库演示（见图 4）是我在自己工厂之外出售的第一个培训系统。我在佛罗里达为客户做一些系统集成工作，客户表示有兴趣为其员工购买一台训练机。为此，我写了很多培训资料，并将其连同训练机和工厂演示线路的文档一起提供给了客户。

图 4　训练机与 Fischertechnik High Bay 仓库演示

在这一点上，我已经写了很多的资料，并且提供了书面说明和培训手册，以完成这些训练机所需的高级编程。因为之前我已经有了一个通用的培训手册，所以我决定将 *PLC Hardware and Programming Multi-Platform* 手册与我的高级资料结合起来，修改了原来 PLC 平台部分，包括 Allen-Bradley 和 Siemens 平台的深入信息，当然其他品牌的信息也包括在内。但我主要关注的是 Allen-Bradley 和 Siemens，原因有以下几点：第一，我讲授这些品牌已有多年，可能相比其他品牌更了解它们；第二，不管人们是否喜欢这些品牌，它们都是使用最广泛的。Siemens 是全球安装最多的品牌，而 Allen-Bradley 在美国拥有最高的市场份额。

我对 Automation Direct 和 Omron 的 PLC 相当了解，也编写过通用电气（GE）和三菱的程序。在 PLC 市场上还有很多其他重要的厂家，除了梯形图（Ladder Logic）语言还有其他 PLC 语言。但我决定专注于这些品牌和语言。

这本书不是传统的格式。2013 年麦格劳 – 希尔教育公司出版了我的第一本书：*Industrial Automation: Hands On*。我对这本书的格式没有进行严格的控制，起初，它只是一本参考书，然而麦格劳 – 希尔认为它有可能会成为大学教材。出版后，我与当地一所大学的电气工程教授讨论了将这本书作为教材的可行性。

我学到了一些关于教材的重要知识。大学教授经常自己编写教材并出版。他们对剖析别人的书并为其创编练习以及测试等课程资料没有兴趣,所以如果你的书里不包括思考题或练习,那它就不太可能被用作教材。当我编写 *PLC Hardware and Programming Multi-Platform* 手册时,我一直牢记这一点,坚持把练习写进书中,并把答案放在后面。我在本书中保留了思考题,甚至增加了一个与我构建的训练机相关的练习,答案附在了书后。

对于书中的高阶内容(第二部分"PLC 编程方法"),我并没有出更多的练习题。如果客户有强烈需求,我将在以后的版本中加入练习题。高级 PLC 编程需要的不仅仅是练习题,它更需要实际编程。为每一个工厂模拟器提供训练的每个训练配件都有一个完整的程序,所以我认为实际程序是这部分的练习。本书第二部分介绍了基于 Allen-Bradley MicroLogix 1400 的"具有颜色识别功能的料仓分拣装置"。

编写书中一些硬件相关内容非常耗时,因为要查阅供应商文档。我由于禁止使用产品的一些原始图片,所以我必须自己在 CAD 中绘制这些产品图片。有一点需要说明一下,人们只需简单描述他们做的事情,就可以直接从制造商和他们的网站上获得更多信息。

本书内容分为三部分,分别为 PLC 硬件及编程、PLC 编程方法和 PLC 平台。

本书末尾还有一些对程序员有帮助的附录,包括主要的 PLC 平台、ASCII 表、第一部分练习与第二部分实验的答案。

如果有教员希望在课堂上使用书上的部分内容,或者想让我修改其中的部分内容,使之对培训更有用,这是没有问题的。

尽管这本书已经根据需要印刷出版了,但是它仍然可以根据需要进行修订和更改。虽然这本书是用在我自己的培训班里,但是我当然也希望它可以作为其他人的参考书甚至教科书。

我要感谢许多帮助过我的人,他们帮助我完成这本书,帮助我从一名程序员和设计师转变为一名讲师。我要感谢 Steve Woodhouse——Automation Training 公司的老板,在过去的 5 年里,他允许我在北美各地授课。我要感谢 Automation NTH 的副总裁 Jeff Buck,他给了我培训和整合工作的机会。我还要感谢我的女儿 Mariko Hickerson 和她的公司 Huckleberry Branding 为我提供了格式编排和品牌推广方面的帮助,这不仅体现在我的这本书中,也体现在我的培训产品和网站上。最后,我要感谢我的妻子 Mieko 在整个过程中提供的想法、支持(以及面板制作)!

Contents 目 录

译者序

前言

第一部分　PLC 硬件及编程

第 1 章　计算机和 PLC 的历史及演变 ················· 3

1.1　巴贝奇分析机 ····················· 3

1.2　继电器逻辑 ····················· 4

1.3　机电式计算机 ····················· 4

1.4　第一台电子计算机 ················· 5

1.5　早期的计算机内存 ················· 6

1.6　个人计算机的发展 ················· 7

1.7　PLC 的诞生 ····················· 9

1.8　PLC 的改进 ····················· 11

1.9　PLC 发展时间线 ··················· 13

1.10　PLC 与计算机的历史参考书目 ········· 13

1.11　PLC 的物理布局 ················· 17

1.12　I/O ····················· 17

　　1.12.1　数字 / 离散设备 ··············· 17

　　1.12.2　模拟设备 ··················· 18

　　　　1.12.3　数字信号接线 ……………………………………………… 19

　　　　1.12.4　模拟信号接线 ……………………………………………… 22

　　　　1.12.5　电池 / 内存备份 …………………………………………… 24

　　1.13　通信技术 ……………………………………………………………… 25

　　　　1.13.1　RS232 ……………………………………………………… 25

　　　　1.13.2　RS485 ……………………………………………………… 26

　　　　1.13.3　RS422 ……………………………………………………… 26

　　　　1.13.4　双绞线通信的注意事项 …………………………………… 26

　　　　1.13.5　USB ………………………………………………………… 27

　　　　1.13.6　以太网 ……………………………………………………… 27

　　　　1.13.7　工业通信与控制 …………………………………………… 29

第 2 章　PLC 存储器 …………………………………………………………… 30

　　2.1　数值数据类型 ………………………………………………………… 31

　　　　2.1.1　位如何变成数字 ……………………………………………… 32

　　　　2.1.2　数据格式 ……………………………………………………… 32

　　　　2.1.3　数据结构 ……………………………………………………… 36

　　2.2　数据存储器的组织方式 ……………………………………………… 38

　　　　2.2.1　I/O 寻址 ……………………………………………………… 39

　　　　2.2.2　程序存储 ……………………………………………………… 40

　　2.3　硬件配置 ……………………………………………………………… 40

第 3 章　PLC 处理器 …………………………………………………………… 44

　　3.1　IEC 61131-3 编程语言 ……………………………………………… 44

　　　　3.1.1　梯形图 ………………………………………………………… 45

　　　　3.1.2　功能框图 ……………………………………………………… 45

　　　　3.1.3　指令表 ………………………………………………………… 46

　　　　3.1.4　结构化文本 …………………………………………………… 47

　　　　3.1.5　顺序功能图 …………………………………………………… 48

　　3.2　程序处理的原理 ……………………………………………………… 49

3.2.1 扫描 ·· 49

3.2.2 PLC 模式 ·· 51

3.3 梯形图类型 ·· 51

3.4 定时器 ·· 56

3.4.1 通电延时 ·· 56

3.4.2 断电延时 ·· 57

3.4.3 保持通电延时 ·· 58

3.4.4 脉冲 ·· 58

3.5 计数器 ·· 59

3.6 数据和文件移动 ·· 61

3.6.1 移动 ·· 61

3.6.2 屏蔽移动和移位 ·· 62

3.6.3 文件复制 ·· 63

3.7 比较 ·· 63

3.8 数学指令 ·· 65

3.8.1 转换 ·· 66

3.8.2 加法与减法 ·· 66

3.8.3 乘法与除法 ·· 67

3.9 整定 ·· 68

3.10 高级运算 ··· 71

3.11 其他指令 ··· 71

3.11.1 字符串操作 ·· 71

3.11.2 PID 指令 ·· 72

3.11.3 运动控制指令 ·· 73

3.11.4 通信指令 ·· 73

3.11.5 程序控制指令 ·· 75

3.11.6 其他指令 ·· 75

3.12 维护和故障排除 ··· 77

3.12.1 强制 ·· 77

3.12.2 搜索和交叉引用 ·· 79

第二部分 PLC 编程方法

第 4 章 PLC 编程概述 ································· 85

4.1 预备知识 ··································· 85

4.2 常用例程 ··································· 88

4.2.1 系统例程 ······························ 88

4.2.2 输入例程 ······························ 92

4.2.3 输出例程 ······························ 94

4.2.4 故障和报警例程 ························· 95

4.2.5 自动序列例程 ·························· 98

4.2.6 归位例程 ····························· 104

4.2.7 配方 ································· 105

4.2.8 零件追踪 ····························· 107

4.2.9 提示和技巧 ··························· 112

4.2.10 训练机和模拟机 ······················ 114

第 5 章 编程实验：具有颜色识别功能的料仓分拣装置 ········· 116

5.1 训练机 ··································· 116

5.2 Allen-Bradley MicroLogix 型可编程逻辑控制器 ·············· 118

5.3 具有颜色识别功能的料仓分拣装置 ·················· 126

第三部分 PLC 平台

第 6 章 Allen-Bradley PLC ··························· 131

6.1 MicroLogix 和 SLC 系列 ······················· 132

6.1.1 MicroLogix 和 SLC 平台 ·················· 132

6.1.2 MicroLogix 和 SLC 存储寄存器 ·············· 136

6.1.3 MicroLogix 和 SLC 指令 ·················· 137

6.1.4 使用 RSLogix 500 启动和编辑项目 ············· 143

6.2 CompactLogix 和 ControlLogix 系列 ················· 147

6.2.1　CompactLogix 和 ControlLogix 平台 ················ 147

6.2.2　CompactLogix 和 ControlLogix 指令 ················ 152

6.2.3　使用 RSLogix 5000 启动和编辑项目 ················ 158

6.3　CompactLogix 和 ControlLogix 数据 ················ 164

6.3.1　数组 ················ 165

6.3.2　用户定义数据类型 ················ 166

6.3.3　全局标签 ················ 167

6.3.4　程序（局部）标签 ················ 168

6.3.5　别名 ················ 169

6.4　Add-On 指令 ················ 169

6.5　其他语言 ················ 175

6.6　Allen-Bradley 的通信软件 RSLinx ················ 176

6.6.1　以太网设备 ················ 178

6.6.2　以太网 /IP 驱动 ················ 179

第 7 章　Siemens PLC ················ 180

7.1　术语、平台及指令 ················ 181

7.1.1　术语 ················ 181

7.1.2　S7-300 平台和 S7-400 平台 ················ 182

7.1.3　S7-1200 平台和 S7-1500 平台 ················ 192

7.1.4　指令 ················ 203

7.2　块、数据和语句表 ················ 209

7.2.1　块 ················ 209

7.2.2　数据 ················ 215

7.2.3　语句表 ················ 218

7.3　其他语言 ················ 221

7.3.1　功能框图 ················ 222

7.3.2　结构化控制语言 ················ 222

7.3.3　S7 多语言示例：节点故障 ················ 224

7.3.4　S7 Graph ················ 228

7.4　设置 PG-PC 接口 ················ 228

附录

附录 A　主要的 PLC 平台 ··· 234

附录 B　ASCII 表 ·· 236

附录 C　第一部分练习答案 ······································· 239

附录 D　第二部分实验答案 ······································· 247

第一部分

本书的开头从一个一般的视角探讨 PLC 培训。大多数 PLC 平台有很多共同之处；在开始学习某一特定品牌的 PLC 之前，了解所有平台共同之处很重要。这一部分在介绍这些内容的同时还指出了一些例外情况和不同的处理方法。

此外第一部分还介绍了计算设备的历史和 PLC 的诞生。

编写本书所使用的许多资料信息来自主要 PLC 制造商。软件示例主要来自 Allen-Bradley RSLogix5000 和 Siemens S7。这部分内容最初在培训手册 *PLC Hardware and Programming Multi-Platform* 中发布的，2016 年 11 月由 AuthorHouse 出版。

什么是 PLC？

PLC（Programmable Logic Controller，可编程逻辑控制器或可编程控制器）是用于控制机电过程的数字计算机，通常用于工业环境中。它既具有离散控制功能，又具有连续控制功能，与普通计算机有几个重要不同。

1）它具有物理 I/O 端子。通过电输入端子将现场的实际信号传递给 PLC 系统，通过电输出端子将信号传出，实现对实际设备的控制。

2）它是确定的。它处理信息并在规定的时间内对其做出反应。

3）它通常是模块化的。可以添加 I/O 模块、通信模块或其他具有特殊用途的模块进行扩展。

4）它支持几种编程语言。有些语言允许在被控设备或系统运行时更改程序。

5）软件和硬件是针对特定平台的。组件和编程软件通常不能在不同的制造商之间共用。

6）它坚固耐用，适用于工业环境。

与电脑不同的是，PLC 设备可以一天 24 小时、每周 7 天连续运行，并且能够抵抗恶劣的物理和电气环境。

根据 *Control Engineering* 杂志 2012 年的一项民意调查，PLC 的主要应用包括机械控制（87%）、过程控制（58%）、运动控制（40%）、批量控制（26%）、诊断（18%）和其他（3%）。（结果加起来不等于 100%，因为一个控制系统通常有多个应用。）

计算机和 PLC 的历史及演变

虽然，PLC 的发展截至 2016 年还不到 50 年，但是计算机器从出现到现在形式的演变是有趣的，具有一定启发性。本章阐述了 PLC 与计算机并行发展的历史，以及 PLC 的基础知识。为了了解可编程控制器的历史，探讨其众多元件的来源是很有用的。

1.1 巴贝奇分析机

早在使用电子设备来解决数学和逻辑问题之前，来自英国的数学家和发明家查尔斯·巴贝奇（Charles Babbage）就有了用机械设备来计算天文和数学表的想法。1823 年，他用英国政府嘉奖他的 17 000 英镑开始研制他的"差分机"，但是他历时约 15 年，花光了 17 000 英镑，却没有研制出任何工作装置。尽管政府认为这项工作本身在经济发展史上是值得的，但从机械层面看是彻底失败了。

1837 年，巴贝奇提出了一种机械通用计算机来解决算术问题。这个"分析引擎"的设计目的是利用齿轮系统求解一般的数学多项式方程。巴贝奇在分析引擎上所做的工作使得最初的差分机的想法过时了，至少在他看来是这样的。由于他与总工程师发生冲突，加之他认为资金不足，所以他一直无法制造出一台可以工作的装置。

巴贝奇的许多设计概念为未来的计算机和处理器奠定了基础。例如，他的设计包含一个算术逻辑单元、控制流（有条件的 If-Then 分支和循环）和以齿轮位置的形式集成的存储器。这种结构类似于计算机的电子版本。

如果当初成功搭建了分析引擎，那它将会是数字的和可编程的。它也应该是"图灵完备"的。图灵完备这个术语应用于编程语言时，意味着它具有条件分支（例如，if 和 goto 语句，或 branch if zero 指令）和改变任意数量存储器的能力。

然而，最初的引擎非常慢。在 *Sketch of the Analytical Engine* 这本书中，Luigi Federico Menabrea 提到："巴贝奇先生相信可以用他的引擎在三分钟内计算出两个数的乘积，每个数包含 20 个数字。"

1.2 继电器逻辑

在计算机发展之前，机械自动控制是通过继电器和其他设备连在一起完成的。机电式继电器和开关连接到一个"继电器机架"上，可以用于控制泵、加热器和电机。这种方法非常昂贵，占用大量空间，而且在进行更改时非常困难和耗时。

自从 19 世纪早期电气系统问世以来，我们就一直使用手工绘制"梯形图"的方法设计控制逻辑。梯形图的命名非常形象，图形类似于梯子的梯级，左侧直线表示激励侧（L1 侧），右侧直线为中性线侧（L2 侧）。

机电式继电器在 19 世纪初即被发明，但直到 19 世纪后期电报和电话交换电路需要它们时才被广泛使用。在 20 世纪初期，发明家们意识到电子式继电器电路可以用来自动地指导一系列的数学计算。到了 20 世纪 30 年代，简单的继电器相当便宜，但使用机械凸轮和齿轮制造的"加法机"的成本也不高。

对于更为复杂的数学函数，继电器电路比机械系统更灵活些。它们可以在一个机架上排列成行和列，然后根据所需要电路的功能由电线连接在一起。

1.3 机电式计算机

1937 年，霍华德·艾肯（Howard Aiken）向 IBM 提出了通用计算机的概念。该提议经过可行性研究后于 1939 年获批，并于 1944 年完成。第一个版本 Mark I 被装船发往哈佛大学，用于论证一年后以内爆方式引爆原子弹方案的可行性。

有趣的是，在研究了 100 年前巴贝奇的作品后霍华德·艾肯的想法才得到证实。这个 Mark I 也被用来计算和打印与查尔斯·巴贝奇最初目标相同的数学表格。

图 1-1　Mark I

Mark I（见图 1-1）由开关、继电器、旋转轴和离合器组成，重约 10 000 lb（约 4500 kg），长

51 ft（1 ft = 0.3048 m）。它使用了 76 500 个元器件，内部电线长度达 500 mile
（1 mile = 1609.344 m）。它有 3500 个多极继电器、35 000 个触点、225 个计数器、
72 个加法器，每个加法器可以进行 23 位有效数字的数学运算。基本计算单元由一
台 5 马力（约 4 kW）的电动机进行机械同步。

可以通过 60 组 24 个开关输入数据，也可以通过 24 通
道穿孔纸带（见图 1-2）读取指令。

紧随其后的是 1947 年哈佛大学的 Mark Ⅱ、1949 年哈
佛大学的 Mark Ⅲ/ADEC 和 1952 年哈佛大学的 Mark Ⅳ。虽
然 Mark Ⅱ 比 Mark Ⅰ 有所改进，但它仍然基于机电继电器。
Mark Ⅱ 使用真空管和晶体二极管，但仍然包括用于存储的
机械式旋转鼓和用于鼓间传输数据的继电器。

图 1-2　穿孔纸带

Mark Ⅳ 是全电子的，用磁心存储器代替了鼓。Mark Ⅱ、
Mark Ⅲ 和 Mark Ⅳ 都售给了军队（美国海军和空军）。Mark Ⅰ
留在哈佛，并于 1959 年"退休"。这台计算机的早期图片显示的名称是"Aiken-IBM
Automatic Sequence Controlled Calculator Mark Ⅰ"。

1.4　第一台电子计算机

第一台通用电子计算机是为美国陆军计算炮弹发射表而设计的，但也被用于研
究热核武器的可行性。它诞生于 1946 年，并被媒体称为"巨型大脑"。它的设计速
度是机电式计算机的 1000 倍。

这台计算机叫 ENIAC，是电子数字积分计算机（Electronic Numerical Integrator
and Computer）的首字母缩写。它在 1946 年到 1955 年期间投入运行，但是，在
1948 年（增加了只读存储编程机制）、1952 年（增加了高速移位器）和 1953 年（增
加了 100 字 BCD 核心存储器）研究人员对其进行了改进。这些改进大大提高了计算
机的速度和性能。

ENIAC 包含 17 468 个真空管、7200 个晶体二极管、1500 个继电器、70 000 个
电阻、10 000 个电容器和大约 5 000 000 个手工焊接头。它有 100 ft 长，重约 27 t，
功耗为 150 kW。传闻说，当它被打开时，费城的灯光都变暗了。

输入可以使用 IBM 读卡器，输出可以通过卡片穿孔机或使用 IBM 的会计运算
机。它是模块化的，由单独的面板来执行不同的功能。有些面板是执行数学函数的
累加器。其他单元包括：启动单元，用于启动和停止机器；循环单元，用于同步其
他单元；主编程器，用于控制循环；穿孔卡读卡器、打印机、恒定发射器和用开关
编程的三个功能表。

ENIAC 使用的是常见的八脚管座的真空管。每天都有几个管子烧坏，这导致它在一半的时间内无法使用。更高可靠性的管子出现在 1948 年，减少了停机时间。

将一个数学问题映射到 ENIAC 可能需要数周时间，非常复杂。为了一步一步执行程序，首先对开关和线缆进行操作，然后进行验证和调试。6 名程序员不仅需要输入数据，还需要爬进机器内部找到故障焊点和焊管，调试问题。

图 1-3 显示了 ENIAC 的一个部分的背面，里面全是真空管。

第二次世界大战接近尾声时，美国海军曾与麻省理工学院接洽，希望为轰炸机飞行员创建一个飞行模拟器。这个项目是以"Project Whirlwind"（旋风项目）的名义资助的。

看到 ENIAC 的演示后，麻省理工学院的一位工程师建议用数字计算机来实现。到 1947 年，他们创建了一个高速存储程序。当时大多数计算机都是按位串行方式运行的，使用位运算，输入长度为 48 位（bit）或 60 位的大字。这种方法对于模拟任务来说速度不

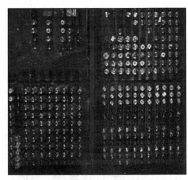

图 1-3　ENIAC 部分背面真空管

够快，因此，Whirlwind 计算机包含 16 个数学单元，以位并行方式对 16 位的字（word）进行运算。这使得 Whirlwind 比它那个年代的其他机器快了 16 倍。现今的 CPU 继承了它的运算模式，几乎所有的 CPU 都使用这种位并行系统来做运算。

官方 Whirlwind 的搭建始于 1948 年，历时三年完成。它于 1951 年 4 月 20 日开始投入运行。该设计使用了大约 5000 个真空管。

1.5　早期的计算机内存

在第一代机电式计算机和电子计算机中，存储器由保持在固定状态的机械继电器或真空管构成。这种方法很慢，而且很不灵活。

最初的 Whirlwind 计算机设计需要 2048 个字（2K），每个字 16 位，用于随机存取。1949 年，当设计完成时，只有两种存储技术可以存储这么多的数据，即水银延迟线和静电存储。水银延迟线是一个复杂系统，它由一个装满水银的长管子以及管子两端分别装有的机械传感器和传声器组成。脉冲被发送到传感器端，然后通过管子传递到另一端的传声器，经过对信号的处理再次通过延迟线发送回来，很像音频处理中使用的弹簧混响单元。延迟线以声速传送信号，即使以那个年代计算机的标准来衡量，这也是非常慢的。由于延迟线的速度和复杂性问题，Whirlwind 的设计者放弃了将延迟线作为内存资源的方案。

另一种形式的存储器——静电存储管，是一个类似于早期电视显像管或示波管的阴极射线管。当时最流行的型号是由英国人研制的威廉姆斯管（Williams tube），但这种设计与 Whirlwind 规格不兼容，因此设计师选择了另外的型号。

在花了几个月的时间对该系统进行测试后，确定静电管的速度太慢，无法满足项目的要求，因此需要寻找合适的替代品。这个项目的负责人是一位名叫杰·弗雷斯特（Jay Forrester）的工程师，他偶然看到一则广告，说有一种新型磁性材料可以作为数据存储介质，于是他在实验室的角落里放了一个工作台，对这种材料进行评估。在 1949 年最后的几个月里，他发现了磁心存储器的基本原理，并论证了它的可行性。

经过两年多的工作，设计团队完成了一个芯片存储板（见图 1-4）。它由 32 × 32 或 1024 个独立芯片组成，能包含 1024 位数据。后来又增加了两个芯片存储板，使系统的总内存增加到 3072 位。

磁心存储器通过被导线穿过的小磁环来读写信息。磁心可按顺时针或逆时针两种方式磁化，磁化方向决定存储位是 0 还是 1。

图 1-4　芯片存储板

导线的排列使得独立磁心可以通过改变其磁化方向被设置为 1 或 0，但读取磁心的同时会将其清零，原有信息被消除，这就是所谓的破坏性读出。这个问题在 1951 年被王安（An Wang）博士解决，他发明了使用一维磁心移位寄存器实现先读后写循环的方法，其本质是使用两个存储器来存储每一位。

当不被读取或写入时，存储器将保持其数值，即使电源被移除也是如此。这使得存储内容长久保存。

通过使用较小的环和线，内存密度慢慢增加；到 20 世纪 60 年代末，标准的内存密度是 32 000 位 / 立方米。到 1970 年，磁心存储器的制造成本从 1 美元 / 位降至 0.01 美元 / 位。

在 20 世纪 60 年代第一个基于半导体的存储器（静态随机存储器，SRAM）打入磁心存储器市场。1972 年，第一块 DRAM（动态随机存储器）——Intel 1103 以 1 美分 / 位的价格进入市场。半导体制造业的提升导致了存储器产能的快速增长和价格的进一步下跌，到 1974 年，磁心存储器从市场上消失。

1.6　个人计算机的发展

计算机技术的进步，使计算机功能在 20 世纪 60 年代和 70 年代变得更强大，计算机体积变得更小，但是对于个人甚至小规模的公司来说，它们仍然太大、太贵，以至于无法拥有。在大学和大型企业使用计算机的请求必须经过操作人员或分时系统的筛选。

到了 1972 年，个人和小型企业开始使用电子计算设备。在微处理器得到发展之后，个人计算机的成本价格已经低到可以购买的程度了，不过它们通常作为成套设备来出售，而且主要是针对感兴趣的业余爱好者和技术人员。

到 20 世纪 80 年代，几款商用计算机开始销售，包括 TRS-80（1977 年由 Radio Shack 公司发布）、Atari 400 和 Atari 800（20 世纪 70 年代末）以及 Commodore 64（1982 年）。

IBM 公司在 1981 年推出了 5150 型号，在整个 20 世纪 80 年代，PC 一词开始指与 IBM 的 PC 产品兼容的台式计算机。1970 年，据估 IBM 在计算机市场的占有率为 60%；到 1980 年，这一比例下降至 32%。到 1984 年，*Fortune* 杂志的一项调查估计，拥有个人计算机的美国公司有 56% 使用 IBM 的 PC，而苹果公司（Apple）只占 16%。1983 年一项针对企业客户的研究发现，在标准配备一台计算机的大客户中有三分之二选择了 IBM 个人计算机，而苹果仅占 9%。整个 20 世纪 80 年代，苹果的 Macintosh 系列是唯一一款不与 IBM 个人计算机兼容而又保持巨大市场份额的产品。

基于 Intel 8088 的 5150 是 IBM 的第一个开放架构产品，IBM 允许有竞争力的公司为其计算机开发外围产品，包括软件。直到 1984 年，IBM 才开始销售自己的软件，在此之前，IBM 一直使用微软的 BASIC 等授权软件。1984 年 IBM 推出 PC/AT，采用 Intel 80286 CPU，最初以 6 MHz 时钟速度运行。紧随其后的是 1986 年的 XT 286，这是第一台支持多任务处理的个人计算机。

1982 年 6 月，哥伦比亚数据公司（Columbia Data Products）推出了第一台 IBM-PC 兼容计算机，随后于 1982 年 11 月推出了康柏（Compaq）兼容计算机。其他制造商对 BIOS 进行逆向设计，以制作非侵权专利的操作系统副本。

早期的 IBM 个人计算机兼容机使用与最初的 PC/AT 相同的计算机总线。这后来被兼容计算机的制造商命名为工业标准结构。1983 年 6 月，*PC Magazine* 将 "个人计算机克隆（PC Clone）" 定义为 "一种可以容纳用户的计算机，用户从 IBM 个人计算机上取走磁盘，带回家，走过房间，并将其插入 '外来' 机器中"。

其他制造商，如 Tandy（Radio Shack）、惠普公司（Hewlett-Packard，HP）、数字设备公司（Digital Equipment Corporation，DEC）和德州仪器（Texas Instruments，TI）都推出了与微软的 MS-DOS 兼容的计算机，不过这些计算机的硬件和软件并不总是与 IBM 个人计算机完全兼容。随着越来越多的公司开始生产这些 "克隆" 计算机，IBM 开始再次失去市场份额。进入 20 世纪 90 年代，随着微软推出 Windows 系列操作系统，大多数软件公司专注于与 Windows 兼容的产品，兼容性问题更多地

第 1 章　9
计算机和 PLC 的历史及演变

体现在软件方面而不是硬件方面。2005 年，IBM 将其个人计算机部门出售给联想（Lenovo），最终退出了个人计算机市场。

进入 21 世纪，惠普（Hewlett-Packard，HP）和戴尔（Dell）成为美国最大的个人计算机制造商。随着笔记本电脑和平板电脑占据市场份额的增大，处理器的功能每年都在增强，其封装尺寸在不断缩小。包括宏碁（Acer）、联想（Lenovo）、索尼（Sony）和东芝（Toshiba）在内的主要外国制造商也是该市场的主要竞争对手，产品价格大幅下降，软件的成本往往高于所用硬件的成本。

带有可拆卸键盘的平板电脑和带有触摸屏的笔记本电脑进一步模糊了手持设备和完整电脑平台之间的界限。此外，连接和远程服务器（"云"）在内部计算机和基于服务的软件之间提供分布式软件服务。

1.7　PLC 的诞生

1968 年，通用汽车（General Motors，GM）的工程师团队在西屋电气论坛上发表了一篇论文，详细阐述了他们在工厂机器可靠性和文件记录方面遇到的问题。其中一位叫 Bill Stone 的工程师提出了"标准机器控制器"的设计标准。

该标准规定，设计需要在改变模型过程中消除装配线继电器报废带来的昂贵成本以及替换不可靠的机电式继电器。它还需要：

- 将静态电路的优势扩展到工厂 90% 的机器上。
- 降低与控制问题相关的设备停机时间。
- 易于维护，并根据已有继电器梯形图进行编程。
- 为未来的扩展做好准备。它必须是模块化的，以方便替换组件和扩展。
- 在有灰尘、水汽、电磁和振动的工业环境中工作。
- 除数据压缩功能外，还应包括完整的逻辑功能。

这些规范，连同一个建立原型的建议书，给了如下四家控制器制造商：

- 艾伦 – 布拉德利（密歇根州的信息仪器公司）；
- 数字设备公司（DEC）；
- 世纪底特律（Century Detroit）；
- 贝德福德联合公司（Bedford Associates）。

DEC 团队为通用汽车带来了一台"微型计算机"（Mini-Computer），但遭到了拒绝。主要原因之一是缺乏静态存储器。

艾伦 – 布拉德利是继电器、变阻器和电机控制的主要制造商。尽管这个新想法与它的核心业务之一——机电式继电器形成竞争，但是它们在 5 个月时间内将制造原型变成了生产单元。第一个样机是程序数据量化器（Program Data Quantizer），即

PDQ-Ⅱ，被认为太复杂和难以编写程序，而且体积太大。接下来的样机是可编程矩阵控制器（Programmable Matrix Controller，PMC）。虽然体积变小，也容易编程了，但还是不能满足通用汽车。

　　按照通用汽车的设计标准，贝德福德联合公司也在致力于设计工作。它的系统是模块化的和坚固耐用的，它不使用中断处理，而是直接映射到内存中。由于这是该公司的第 84 个项目，他们将这个装置命名为 084。该项目组成员包括理查德·莫利、迈克·格林伯格、乔纳斯·兰道、乔治·施文克和汤姆·博伊斯瓦因。在获得资金后，该团队成立了一家名为莫迪康（Modicon）的新公司，这是模块化数字控制器（Modular Digital Controller）的字母缩写。

　　Modicon 084 坚固，没有开关，没有风扇，完全封闭。理查德·莫利解释说："没有风扇，外部空气不能进入系统，以免造成污染和腐蚀。在我们的想象中，可编程控制器就在一辆卡车的下面，在户外，在得克萨斯州和阿拉斯加被驱动着。"

　　"在这种情况下，我们希望它能持续正常工作。另一个要求是，将它放在杆上，服务于公共事业或微波站，而这个公共事业或微波站不受气候影响，也不需要任何维护。"

　　1969 年，贝德福德联合公司和莫迪康公司向通用汽车公司展示了他们的 084 可编程控制器，并赢得了合同。控制器是由处理器板、存储器和逻辑运算器板三部分组成的，其中的逻辑运算器采用梯形图的形式求解问题。

　　据莫利说，这个机器最初只有 125 字的存储器，不需要运行得很快。在接受霍华德·亨德里克斯采访时，他说：

　　"你可以想象发生了什么！首先，我们瞬间用尽了内存；其次，机器运行速度太慢，无法执行接近继电器响应时间的任何功能。继电器的响应时间约为 1/60s，许多装满继电器的柜子形成的拓扑结构转换成代码后明显大于 125 字。我们把内存扩展到 1KB（1024 字），然后再扩展到 4KB。4KB 的存储，经受住了时间的考验。最初，市场销售的内存大小为 1KB、2KB、3KB 和 4KB。3KB 是地址受限的 4KB 版本，因此很容易将字段扩展到 4KB。"

　　与此同时，艾伦–布拉德利又从头做起。到 1971 年，工程师 Odo Struger 和 Ernst Dummermuth 有了一个新的想法，用以改进他们的 PMC——可编程矩阵控制器。这就有了后来的 Bulletin 1774 PLC，如图 1-5 所示。艾伦–布拉德利将其命名为"可编程逻辑控制器"（PLC）；这个术语后来成了行业标准，而 PC 是个人计算机的首字母的缩写词。

图 1-5　Allen-Bradley Bulletin 1774 PLC

　　1972 年，艾伦 – 布拉德利还提供了第一台作为编程终端的计算机。20 世纪 70 年代和 80 年代的其他制造商通常使用带有（或不带有）小屏幕的专用编程终端。输入的指令为三个或四个字母的助记符。随着技术的改进，这些终端在尺寸上缩小为一个手持设备。

　　到 20 世纪 70 年代后期，其他几家公司也进入了 PLC 市场，包括通用电气、Square D、欧姆龙和西门子。

　　在 1973 年，莫迪康对 Modicon 184 进行改进，推出 Modicon 084，后者成为市场的早期领先者。随后莫迪康在 1975 年推出了 284 和 384 型号。984 型号于 1986 年生产，多年来一直是莫迪康的标准。在与 AEG Schneider Automation 合资的过程中，莫迪康于 1994 年发布了 Quantum 系列控制器。1977 年，莫迪康被古尔德电子公司（Gould Electronics）收购，后来在 1997 年被施耐德电气（Schneider Electric）收购，施耐德电气至今（2016 年）仍拥有莫迪康。

1.8　PLC 的改进

　　20 世纪 80 年代，许多新公司进入了 PLC 市场。随着汽车制造商在制造过程中开始广泛使用 PLC，三菱和欧姆龙等日本公司进入了美国市场。西屋电气（Westinghouse）、卡特拉 – 汉莫（Cutler-Hammer）和伊顿（Eaton）等巨头以及机床制造商（如 Giddings & Lewis）都开发了产品。在 1980 年，PLC 市场估值为 8000 万美元；到 1988 年，全球市场已增长到 10 亿美元。

　　随着与 IBM 兼容的个人计算机变得更小、更便宜，公司开始开发基于 DOS 的编程软件。软件允许用户以图形方式输入程序。与仅能看到文本命令的字母数字字符不同，梯形图可以在 CRT 显示器上显示出来。

　　随着 20 世纪 90 年代初 Windows 3.0 操作系统的发布，软件在彩色图像和多任务处理方面得到了改进。个人计算机克隆（PC clone）降低了计算机的价格，笔记本电脑几乎取代了手持式编程器。许多公司开始为简单的应用生产体积更小、更便宜的 "砖型" PLC 设备。1995 年，艾伦 – 布拉德利的 MicroLogix 1000 机型与一些相对不知名的品牌竞争，如 Eagle Signal 公司的 Micro 190 以及日本光洋（Koyo）PLC 公司的 PLC Direct。

　　自 20 世纪 80 年代以来，日本光洋公司为德州仪器公司、西门子公司和通用电气公司生产 PLC 设备。1994 年，他们在美国成立了一家公司，开始通过邮购方式销售 PLC 设备。蒂姆霍曼（Tim Hohmann）作为一家合资企业在亚特兰大成立了 PLC Direct，并于 1999 年更名为 Automation Direct。

　　在 20 世纪 90 年代，艾伦 – 布拉德利仍是美国的主导品牌。1984 年，他们被罗克韦尔公司（Rockwell）收购。1994 年，罗克韦尔公司收购了为艾伦 – 布拉德利 PLC 开发竞争性编程软件产品的 ICOM 公司，之后将罗克韦尔软件公司（Rockwell Software）剥离出来。SLC500 系列是一款体积较小的模块化控制器，于 1991 年发布，随后第一款 MicroLogix 产品在 1995 年推出。

西门子成为美国和日本以外的主要供应商。S5 控制器开发于 1979 年，在整个 20 世纪 80 年代它在欧洲有着很大的客户群体。当 S7-200、S7-300 和 S7-400 系列在 1994 年发布时，许多公司开始升级他们现有的平台。西门子是使用用户定义数据类型（UDT）和使用语句表（STL）进行高级编程的早期创新者。它们还允许通过在子例程或函数中定义局部变量来使用可重用代码。

1994 年，国际电工委员会（IEC）开始定义 PLC 的编程语言、数据类型以及与可编程控制器相关的其他细节。IEC 61131-3 规定了制造商为使其产品标准化所遵循的规则，定义了五种编程语言：梯形图（LD）、指令表（IL）、功能框图（FBD）、结构文本（ST）和顺序功能图（SFC）。

三菱在日本和亚洲大部分地区获得了最大的市场份额，欧姆龙则在全球范围内获得了增长。

进入 21 世纪，PLC 的功能变得更加强大，并开始在过程控制领域获得了发展，而过程控制长期以来一直属于 DCS（分布式控制系统）的领域。这些平台能够使用 I/O 网络，如 DeviceNet、Profibus 和以太网，所以被称为可编程自动化控制器（PAC）。凭借改进的内存、更高速的处理器以及同时控制数千个模拟点和数字点的能力，PAC 可以控制大型化学处理厂、污水处理和管道。

在 21 世纪初，多轴运动控制也开始集成到 PAC 中。艾伦 – 布拉德利、西门子、莫迪康和三菱都有可以独立于中央 CPU 运行的集成控制器。多个或冗余 CPU 也可以在同一个机架中使用。变频器（VFD）和机器人现在通常包含可以用梯形图编程的微处理器。人机交互（HMI）触摸屏控制器也变得很普遍。

如今，有 20 多家 PLC 生产商在国际市场上占有一席之地，其中约 15 家各自的市场份额在 1% 或以上。开放平台已经出现，允许较小的制造商提供他们自己的基于 PC 或插件板级的控制器，这些控制器可以用梯形图或 IEC 61131-3 标准语言编程。Codesys 等公司现在为莫迪康、ABB 和博世（Bosch）等主要 PLC 制造商提供了一个平台。

随着基于以太网的高速通信和控制网络的发展，系统变得更加分散，在 I/O 的"智能节点"上安装微处理器，可以检测错误并执行自主的逻辑和监控任务。截至 2016 年，PLC 市场似乎正在向基于以太网 /IP 的控制网络汇聚。

中型规模模块化的 PLC

图 1-6 显示的只是几个不同品牌的模块化、中型规模的 PLC。虽然这些是世界

各地使用 PLC 的主要品牌，但有数百家公司生产 PLC。其他样式包括较小的"砖型"系统和大型机架系统。配置也可以结合基于机架的和独立型的功能特性。

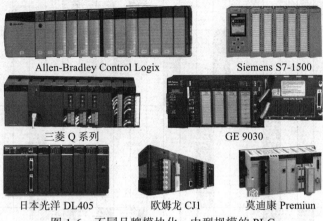

图 1-6　不同品牌模块化、中型规模的 PLC

1.9　PLC 发展时间线

PLC 发展时间线如表 1-1 所示。

1.10　PLC 与计算机的历史参考书目

巴贝奇的分析引擎

Collier, Bruce (1970). The Little Engines That Could've: The Calculating Machines of Charles Babbage (Ph.D.). Harvard University.

Menabrea, Luigi Federico; Lovelace, Ada (1843). "Sketch of the Analytical Engine invented by Charles Babbage... with notes by the translator. Translated by Ada Lovelace". In Richard Taylor. Scientific Memoirs 3. London: Richard and John E. Taylor. pp. 666–731.

可编程控制器的诞生

Segovia, Vanessa Romero; Theorin, Alfred (2012). History of Control, History of PLC and DCS.

The History of the PLC (as told to Howard Hendricks by Dick Morley) http://www.barn.org/files/historyofplc.html

W. Bolton, Programmable Logic Controllers, Fifth Edition, Newnes, 2009

表 1-1　PLC 发展时间线

年	事件	莫迪康	艾伦－布拉德利	GE	欧姆龙	西门子	三菱
				公司			
1968	GM Design Spec						
1969		Modicon 084					
1970			PDQ II				
1971			PMC	PC45			
1972		Modicon 184	Prog.Computer				
1973				Logitrol	SYSMAC MIR		
1974			1774 PLC				
1975		Modicon 284/384					
1976						Simatic S3	
1977		Gould	PLC2		Standard SYSMAC		
1978							
1979	Ethernet	MODBUS	Data Highway				
1980						Simatic S5	
1981			PLC3	Series 6			MELSEC FX
1982	Koyo SR21					Simatic TI305	
1983				Series 1	Host Link		
1984			Rockwell			SS-135U	
1985			PLCs	Series 3			A Series
1986		Modicon 984		GE-Fanuc			
1987				Series 5	C200H		
1988							
1989	Profibus						
1989	TI Series 305						
1990	MS Windows 3.0		SLC500	GE 90-30			
1991				GE 90-70	CV Series		
1992							
1993	Profibus DP		DeviceNet		CQM1		

年份	IEC 61131-3	Quantum Series	Rockwell Software				
1994	IEC 61131-3	Quantum Series	Rockwell Software			Simatic S7	
1994	PLC Direct, CodeSys						
1995			MicroLogix 1000				
1996					SYSMAC Link		
1997		Schneider	ControlLogix L1			PCS7	
1998				VersaMax			
1999	Automation Direct				CS1		
2000			ControlLogix L55				
2001			Micrologix 1500		CJ1	Profinet	
2002			ControlLogix L60	Rx7i	CJ1M		Q Series
2003				Rx3i			
2004							
2005			Micrologix 1100		CP1H		
2006		M-340					
2007					CP1L		
2008			Micrologix 1400				
2009						S7-1200, 1500	
2010			ControlLogix L70		CP1E, CJ2M		
2011							
2012							
2013							
2014							iQ-R Series
2015							
2016			ControlLogix L80				

注：表格中的黑底白字内容表示重要事件，白底灰字内容表示网络产品，灰底黑字内容表示公司收购，灰底白字内容表示 PLC 平台。

早期计算机内存

Edwin D. Reilly, Milestones in computer science and information technology, Greenwood Press: Westport, CT

Jay W. Forrester, "Digital Information In Three Dimensions Using Magnetic Cores", Journal of Applied Physics 22, 1951

机电计算机

Cohen, Bernard (2000). Howard Aiken, Portrait of a computer pioneer. Cambridge, Massachusetts: The MIT Press.

第一台电子计算机

Goldstine, H. H.; Goldstine, Adele (Jul 1946), "The Electronic Numerical Integrator and Computer (ENIAC)", Mathematical Tables and Other Aids to Computation

ENIAC specifications from Ballistic Research Laboratories Report No. 971 December 1955, (A Survey of Domestic Electronic Digital Computing Systems)

Redmond, Kent C.; Smith, Thomas M. (1980). Project Whirlwind: The History of a Pioneer Computer. Bedford, MA: Digital Press.

个人计算机的演变

Freiberger, Paul (1982-08-23). "Bill Gates, Microsoft and the IBM Personal Computer". InfoWorld. p. 22.

Krasnoff, Barbara (3 April 1984). "Putting PC Compatibles To the Test". PC Magazine. pp. 110–144.

Norton, Peter (1986). Inside the IBM PC. Revised and enlarged. New York. Brady.

Ward, Ronnie (November 1983). "Levels of PC Compatibility". BYTE. pp. 248–249.

PLC 的改进

Webb, John W. (1988), "Programmable Controllers, Principles and Applications", Merrill Publishing Company

Hughes, Thomas A. (2001), "Programmable Controllers", The Instrumentation, Systems and Automation Society

Websites as listed in the Major Platforms section of this book

继电器

"The Electromechanical Relay of Joseph Henry" http://history-computer.com/ModernComputer/Basis/relay.html

1.11   PLC 的物理布局

PLC 的物理结构框图如图 1-7 所示。

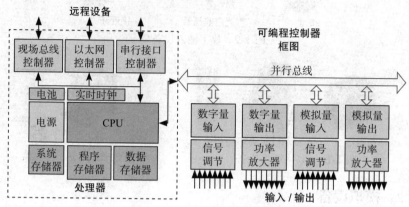

图 1-7   PLC 的物理结构框图

CPU 处理加载到控制器中的所有逻辑,还包含操作系统。它通常具有内置的实时时钟,可用于各种功能。系统内存也与 CPU 紧密相关。

并非每个 PLC 都出现该图所示的所有模块,但该图可以使你了解 PLC 的典型配置。

1.12   I/O

物理 I/O 可以是离散信号,即开或关的二进制值,也可以是模拟信号,即能描述电压或电流幅值变化的信号。

1.12.1   数字 / 离散设备

图 1-8 显示了一个离散信号。离散量输入和输出典型信号的电平电压为直流 24V 和交流 120V,根据设备或输入端子的类型,可能会出现其他电平电压。离散信号除了用 1 和 0 或开和关描述,还可以描述为真或假。

数字输入设备的示例如图 1-9 所示。

图 1-10 是一些数字输出设备。

图 1-11 所示设备既可以用于数字输入又可以用于数字输出。

图 1-8   离散信号

按键　　　　　　　　光电监视器　　　　　　接近开关

图 1-9　数字输入设备

　　　　　　　　　　　　　　　　　　　　　　　　　　　　触点

指示灯　　　电动机起动器　电磁阀　　　　　继电器　　线圈

图 1-10　数字输出设备　　　　　　　　　图 1-11　继电器

1.12.2　模拟设备

　　模拟信号的电压或电流是不一样的，如图 1-12 所示。对于电压类型，取值范围通常为直流 0 ～ 10 V 或 −10 ～ +10 V。对于电流类型，取值范围通常是 0 ～ 20 mA 或 4 ～ 20 mA。然后将电信号转换为数字，以供 PLC 程序使用。

　　图 1-13 是一些模拟输入设备。

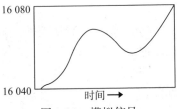

16 080

16 040　　　　　　　　时间 ➞

图 1-12　模拟信号

电位器　　　　　压力传感　　　　铂热电阻

图 1-13　模拟输入设备

　　图 1-14 为模拟输出设备。

　　对于输入，通过模数转换器（ADC）将模拟信号转换为数字量；对于输出，则通过数模转换器（DAC）将数字量转换为模拟量。

比例阀　　　　　　线性执行器　　　　变频调速

图 1-14　模拟输出设备

ADC 捕获来自输入设备（例如压力或温度传感器）的信号，并将其转换为 16 位带符号的整数。这意味着在传感器的测量范围中，可能有 65 536 个不同的值，范围从 −32 768 到 32 767。由于大多数传感器仅提供正值，因此只能使用 0 ～ 32 767。如果 ADC 具有 16 位分辨率，这就意味着该范围内的每个值都可能出现；但是，如果转换器仅具有 14 位分辨率（对于 PLC 信号更常见），则这个值将每次增加 4（即 0 → 4 → 8 → 12 等）。这意味着只能出现 8192 个可能的值！

图 1-15 显示了将模拟信号转换为 16 位、14 位和 13 位分辨率的结果。

DAC 转换器从 PLC 程序（存储器）中获取一个数字，并将其转换为模拟信号以控制诸如比例阀或变频器（VFD）之类的设备。像 ADC 转换器一样，数字信号可能是完整的 16 位，但是 12 ～ 14 位的分辨率对于 PLC 模拟输出端子更为常见。

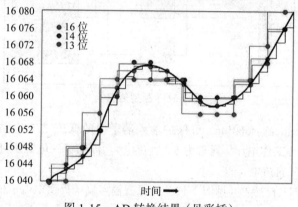

图 1-15　AD 转换结果（见彩插）

人们认为 4 ～ 20 mA 信号对噪声干扰的抵抗力更强，而 0 ～ 10 V 信号通常用于控制变频器速度。

在图 1-7 所示的可编程逻辑控制器框图中，"信号调节"为 ADC，而"功率放大器"为 DAC。

1.12.3　数字信号接线

数字 I/O 接线基于连接到 I/O 端子的信号类型，离散 I/O 可以是交流或直流，可以是输入或输出。继电器端子也可以用于传输不同类型的信号。

分立式固态直流器件有两种不同的类型：漏型（NPN）和源型（PNP）。NPN 和 PNP 是晶体管类型。PNP 器件提供正的直流信号，通常为 24 V，而 NPN 器件则从电源输入端子（input card）吸收电流。

图 1-16 ～图 1-19 显示了直流器件和传感器的典型接线图。

源型（PNP）传感器（见图 1-16）为 NPN 型输入端子提供正电压。输入端口和传感器共享电源电压的 −DC 端，该电压端通常接地。

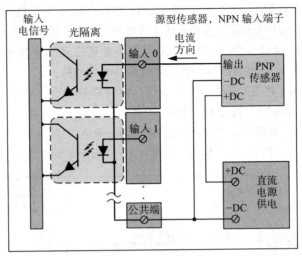

图 1-16　源型传感器

光隔离（optical isolation）可保护输入端子中的低压 TTL 电路。输入端子从 PLC 电源接收其工作电压（通常为 5V 直流电）。传感器的电源由外部直流电源提供，通常为 24V 直流电。

漏型（NPN）传感器（见图 1-17）为源型输入端子提供电流。传感器和输入端子共享 + DC 端，这一点非常重要。

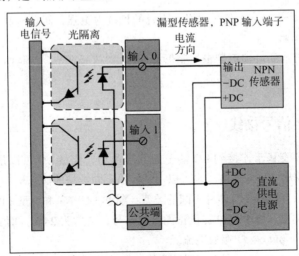

图 1-17　漏型传感器

无论 PNP 型还是 NPN 型传感器或设备通常均允许使用直流输入端子。端子根据施加到公共端的电压极性做出反应。

公共端通常根据输入进行分组，如果需要，可以将 PNP 和 NPN 传感器用在相同的输入端子上。例如，输入 0 ～ 3 的公共端可能为 +DC 端，而输入 4 ～ 7 的公共端可能为 –DC 端。

大多数美国和欧洲的机器都使用 PNP 传感器与漏型输入，而 NPN 传感器在日本设备上很常见。

交流传感器与交流型输入端子一起使用，在这种情况下极性无关紧要。公共端通常是中性线（0 伏，接地），且输入为 120 V 交流信号。使用交流传感器取代更安全、更低电压的直流电的主要原因是前者具有对抗噪声能力和较长布线距离。传送带系统和大型工业设施经常使用交流输入和输出。

对于直流输入，直流输出可能是漏型也可能是源型（见图 1-18），它们也是光隔离的。

由于输出功率的要求，直流输出端子需要正负直流信号才能运行。直流输出能够处理的电流最高为 2A。

VDC 连接通常按照图 1-18 中标注"SW"开关触点进行切换。这是出于安全考虑，如果负载线圈控制的设备具有潜在危险，则必须将 VDC 硬连接到紧急停止电路。图 1-18 中画出了源型端子。输出向负载线圈提供正电压。漏型端子将为设备提供电流路径，并将电流灌到公共端。

交流输出（见图 1-19）端子通常使用 TRIAC（三端双向交流开关）向负载提供交流电压。为了对电路进行短路保护，输出端子通常连接熔断器。大多数制造商都提供 120V 和 240 V 交流电压端口。它们常常用于开关电动机起动器。

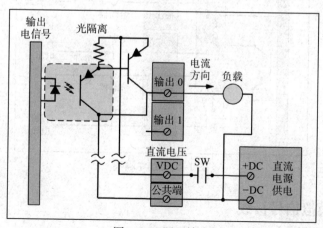

图 1-18　源型输出

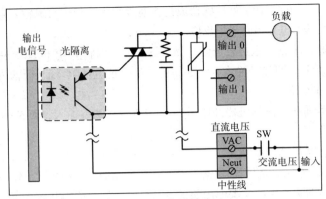

图 1-19　交流输出

某些交流输出端子使用零电压检测，以此确保输出仅在电流为零时才切换，从而减少负载浪涌。

继电器输出端子既可以切换交流电压，也可以切换直流电压。他们经常将输出端子按不同的公用端分组，从而允许输出端子混合使用。由继电器端子的技术参数可以看出：由于继电器具有机械部分，所以继电器的寿命比固态端子的寿命短得多。

每个输出都具有一个公共端的继电器端子被称为独立隔离，如图 1-20 所示。这种类型的端子通常与拥有自己电源的外部设备一起使用。

与直流输出端子相比，每个继电器的操作次数是有限的，因此常常使用外部继电器代替。小型接线盒式继电器是继电器端子的廉价替代品。

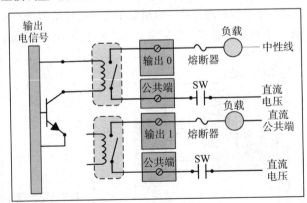

图 1-20　独立隔离

1.12.4　模拟信号接线

模拟信号基于电压或电流变化。电压信号可以是 0 ~ 5 V、0 ~ 10 V 或 −10 ~

10V。电流信号为 0 ～ 20 mA 或 4 ～ 20 mA。

电压信号更容易受到噪声的影响，但与电流信号相比布线可能会更长，应尽可能使用屏蔽电缆连接模拟信号，屏蔽层只在一端接地，以降低噪声。

不同品牌的模拟端子输入配置可能有所不同，但对于通用（电压和电流）的输入端子来说这是典型的。

图 1-21 是一个单端电压变送器，它只有一根输出线。它产生的可变电压信号来自电源，并共享接地的 -DC 端信号。

图 1-22 所示的差动电压变送器具有正极端和负极端，它们连接到两个电压输入端。当屏蔽层需要接地时，无须将传感器或变送器的负极引线接地。

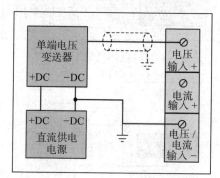

图 1-21　单端电压变送器

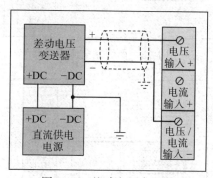

图 1-22　差动电压变送器

两线制电流变送器与电源串联，也称回路供电变送器，如图 1-23 所示。它们向模块的输入端传递 4 ～ 20 mA 信号。

请注意图 1-23 中的 "Anlg Com" 端子。这是许多模拟输入端子中都有的一组公共端子。如果有疑惑，最好的办法是将电源的负极连接到该端子并将其接地。

差动电流变送器由独立于电流回路的电源供电，如图 1-24 所示。这允许这些类型的设备具有类似 LCD 指示器那样的功能，可用于显示电流和设定值。这些变送器通常比两线制变送器更贵些，但是它们具有更多的设置功能，例如可扩充性和可编程性。变送器的负极引线不需要接地。

模拟量输出模块可为负载提供电流或电压。与输入模块一样，0 ～ 20 mA 和 4 ～ 20 mA 以及 0 ～ 5 V、0 ～ 10 V 和 -10 ～ 10 V 的直流信号是标准信号。

图 1-25 显示了模拟量（电流）输出模块。有些模块使用外部电源，而另一些模块则通过 I/O 总线上的 24 V 电源供电。

与模拟输入接线一样，使用屏蔽电缆并仅将屏蔽层一端接地是非常重要的。

模拟量（电压）输出模块也可以通过外部电源或总线供电，如图 1-26 所示。一个模拟电压输出的典型负载示例是变频器（VFD）的速度基准或比例阀的位置。

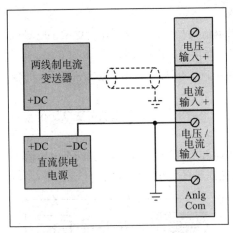

图 1-23　两线制电流变送器

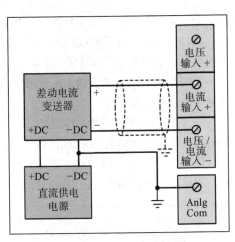

图 1-24　差动电流变送器

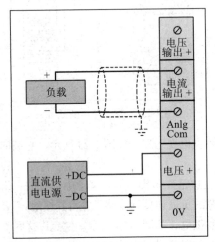

图 1-25　模拟量（电流）输出模块

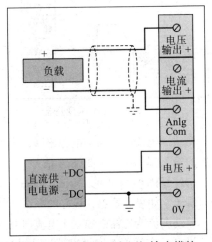

图 1-26　模拟量（电压）输出模块

1.12.5　电池 / 内存备份

PLC 中的程序和数据存储器包含在 RAM（随机存取存储器）中。这种类型的内存可能是易失性的，也可能是非易失性的，可以经常被覆盖。程序本身存放在 RAM 的某个存储空间中，即使 PLC 断电也必须将其保存在内存中。当断电时间较长时，早先的 PLC 系统需要电池或"超级电容器"来备份程序。较新的平台可以将程序保存到非易失性存储器中，例如闪存卡和 SD 存储卡。对于早先的电池供电平台，如果电池没电了，程序就会丢失。

1.13 通信技术

所有 PLC 都需要某种与编程设备进行通信的方法，甚至可能需要与其他设备（如操作员界面终端（OIT）、计算机或远程 I/O 节点）进行通信。一台 PLC 处理器通常至少具有一个内置通信端口，可能会有更多。另外，可以将模块化通信设备添加到并行总线或机架中。

串行通信意味着各数据位在一条导线上依次传输一系列高电平和低电平的电信号，或 1 和 0。这与打印机等并行通信不同，在并行通信中，各数据位同时在多条导线上进行传输和接收。串行通信使用不同的物理格式，通常采用 RS232、RS422 或 RS485 的形式。

RS（Recommended Standard）通信包括 RS232、RS422 和 RS485 串行通信。RS 定义了信息的连线和格式，但没有定义信息的语言或协议。

1.13.1 RS232

RS232 的引脚布局与说明如图 1-27 与表 1-2 所示。

RS232 协议用于笔记本电脑和 PLC 之间的许多编程接口。由于较新的计算机上通常不存在串行口，因此在计算机和电缆之间可能必须使用 USB 适配器。RS232 要求在所有站点上将诸如波特率（速度）、奇偶校验位之类的参数设置为相同，以便进行通信。如果两个设备上的输出和输入引脚（TD 和 RD）相同，则将需要一个零调制解调器适配器。

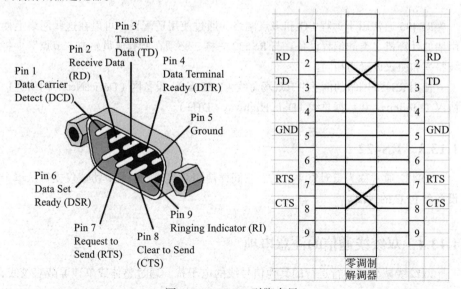

图 1-27　RS232 引脚布局

表 1-2　RS232 引脚说明

引脚编号	功能	引脚编号	功能	引脚编号	功能
1	数据载波检测（DCD）	4	数据终端就绪（DTR）	7	发送数据请求（RTS）
2	串口数据输入（RD）	5	地线（GND）	8	清除发送（CTS）
3	串口数据输出（TD）	6	数据发送就绪（DSR）	9	铃声指示（RI）

　　每个 PLC 制造商都有自己的语言驱动程序。例如，Allen-Bradley 的 PLC 中，协议称为 DF1，而 Siemens 的 PLC 中，协议称为 MPI。

1.13.2　RS485

　　RS485（见图 1-28）是串行通信的另一个通用标准。它使用单根双绞线，并且可以在多个控制器之间采用"菊链式连接"。

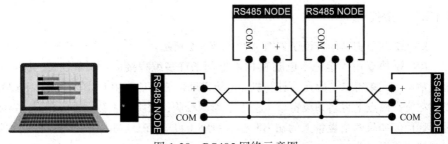

图 1-28　RS485 网络示意图

　　RS485 通常用于远程 I/O 和多点网络。通过使用适配器，可以在这些网络上使用诸如计算机之类的编程设备。与 RS232 一样，必须在所有成员站或"节点"上将波特率和协议设置为相同。

　　使用 RS485 网络的例子中有现场总线（Profibus）、设备网（DeviceNet）、网络通信协议（Modbus）和数据总线（Data Highway / DH+）。

1.13.3　RS422

　　RS422 通常称为点对点（PtP）。它同样使用双绞线，但是其协议仅支持从单个设备到 PLC 的通信。

1.13.4　双绞线通信的注意事项

　　双绞线减少了并行运行的其他信号线的电干扰。通过整体或单独屏蔽双绞线，可以进一步降低噪声。重要的是，屏蔽层只能在一端接地，否则可能会引入更多的噪声。

缩略语表示通信使用的不同类型双绞线。

UTP（Unshielded Twisted Pair）表示无屏蔽双绞线，如图 1-29 所示。STP（Shielded Twisted Pair，屏蔽双绞线）表示单个屏蔽层围绕电缆中的所有绞线对，而 ScTP（Screened Twisted Pair）表示单独的屏蔽层围绕每对绞线。

图 1-30 说明了工业通信中使用的某些类型的双绞线。裸露的（未绝缘的）电线称为引流线（drain），通常与箔屏蔽层接触。

图 1-29　UTP 结构（见彩插）

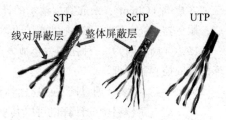

图 1-30　工业通信中的双绞线（见彩插）

1.13.5　USB

通用串行总线（USB）是 20 世纪 90 年代开发的标准，用于将计算机设备以及诸如键盘、数码相机和定点设备等外围设备连接到计算机。它不仅提供通信，还可以为设备供电。USB 比标准串行连接快得多。

1.13.6　以太网

以太网是一种计算机网络技术，由一组布线和通信标准组成。通过以太网进行通信的系统将数据流分成称为帧（frame）的较短片段。每个帧都包含源地址和目标地址（source and destination address），以及错误检查数据（error-checking data），由此可以检测到损坏的帧和丢弃的帧。最常见的是，更高层的协议触发丢失帧的重传。

以太网电缆可能包括同轴电缆，如上所示的几种双绞线或光纤。大多数 PLC 连接使用标准的双绞线 CAT 5 电缆和 RJ45 连接器。

以太网遵循开放系统互连模型定义的七层结构。这些层描述了最底层（物理层），以及不同区域或域之间互连和联网的各种方法。

此定义包括了许多不同的协议，如 TCP / IP（用于通过 Internet 连接不同的设备）、BOOTP（用于设置初始地址）和 SMTP（用于电子邮件）。

PLC 制造商通常定义自己的语言和协议，通过以太网进行通信，并连接到输入和输出（I/O）。

因为 I/O 通信所具有的确定性是很重要的，所以 PLC 制造商遵循通用工业协议（CIP）。这也就确保了在指定的时间段内发送和接收信号，因此收发信号是可预测的。CIP 的示例包括用于艾伦 – 布拉德利的 Ethernet / IP 和用于西门子的 ProfiNet。

1. 以太网术语

下面列出了在讨论以太网时必须知道的重要术语。

客户端（Client）：发起数据请求的计算机或设备。

服务器（Server）：通过提供或接收数据来响应客户端的计算机或设备。

LAN（局域网）：一种在同一个地方连接计算机或设备的网络，通常由服务器计算机或域控制器管理。

WAN（广域网）：通过网关或路由器设备连接的 LAN 网络。

工作组：工作组中的计算机可以共享文件夹和打印机。

域（Domain）：由域控制器计算机监管的主机计算机的集合。

网桥（Bridge）：连接两个相似网络的设备。

网关（Gateway）：允许两个不同通信网络上的模块进行连接的设备。

集线器（Hub）：一种固态设备，以星形结构连接以太网模块。

交换机（Switch）：一种连接以太网模块的固态设备，具有缓冲功能以减少冲突。

路由器（Router）：一种具有交换机功能的固态设备，但可以连接不同网络上的以太网模块，通常包括防火墙。

TCP/IP（传输控制协议 / 互联网协议）：一种通用协议，允许具有不同操作系统的计算机交换数据。

CIP（通用工业协议）：一种用于工业自动化的通信方法，为控制、安全、同步、运动、配置和信息提供确定性通信。

套接字（Socket）：提供访问 TCP / IP 和 CIP 功能的一组子程序包。

NIC（网络接口卡）：计算机中带有以太网端口的通信适配器。

2. 以太网寻址

以太网地址有几种类别，允许在同一网络中将不同数量的设备连接在一起。大多数工业控制网络使用 C 类，它包含一个 LAN。

以太网地址的格式为 xxx.xxx.xxx.xxx，其中，xxx 的值范围可以为 0 ~ 255，因此，每一部分或"八位"（Octet）表示一个字节（Byte）或 8 位。以太网地址则包含 32 位。

　　然后，以太网地址与一组 1 和 0 进行"屏蔽"（Masked），以便仅允许具有相似编号的组进行通信。C 类网络通常会使用"192.168.0.xxx"系列中的数字，其掩码为"255.255.255.0"。

1.13.7 　工业通信与控制

　　图 1-31 显示了一个工业控制网络的示例。

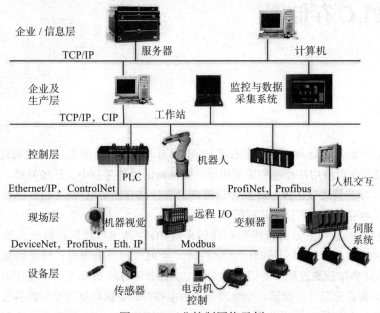

图 1-31　工业控制网络示例

　　这说明了系统中不同的控制器和元素如何连接和桥接各种网络。控制级别以下的所有网络都需要对更改做出快速响应，而更高级别的通信则涉及传输和保存大量信息。

练习 1

1）你的工厂中有哪种 PLC？它们的品牌名称（平台）和类型是什么？

2）它们使用什么类型的 I/O？（模拟 / 数字、电压等。）

3）你的工厂中有哪些类型的通信网络？

4）你的计算机的以太网地址和子网掩码是什么？

5）PLC 通常在哪个通信网络层上？

第 2 章 | Chapter2

PLC 存储器

PLC 存储器由处理器的操作系统和固件（有时称为系统内存）、模块固件（如果有）以及程序员使用的程序和数据组成。在前面的硬件部分中，已经解释了存储器有易失性和非易失性区域，并且存储器的易失性部分需要电池、"超级电容器"或其他可充电存储模块来保存其程序和 / 或数据。

尽管可以不用电池将程序保存在闪存或 SD 存储卡上，但是数据交换速度太慢，无法将其用于程序与数据的实际接口。当 PLC 接通电源时，程序将从非易失性的 RAM 卡加载到控制器的用户存储器中。并非所有的 PLC 平台都使用电池或其他存储设备备份用户存储器，当处理器失去电源时，数据存储器中的内容可能会丢失。然而，有些平台使用电池供电的 RAM，即使在断电情况下，也能确保数据保持完整。这意味着数据寄存器中的数据将被保留，并且程序将在其最后一个状态下启动。

其他 PLC 平台将 RAM 的某些部分分配为"保留"部分，而其他部分则为非保留部分。欧姆龙将其保留位分为"保持"继电器和非保持" CIO"，并将其数据分为保留 DM 区和非保留"工作区"。西门子允许将其常规"标记"内存分配为保留或非保留，并且默认仅有 16 字节的保留标记内存，但是可以更改。然而，西门子数据块是保留的，除非定义为不保留。艾伦 – 布拉德利的内存保留性很好。

处理器上的操作系统本身保存在称为"固件"的非易失性系统内存中。要更改 PLC 上的固件，需要使用"闪存"程序或工具来下载，这通常包含在编程软件中。

I/O、通信和其他模块通常也内置固件。固件更新工具也可以更新这些模块，固件通常可以从制造商的网站上获得。必须具有至少与正在安装的固件一样最新的软件。

PLC 中存储器的 RAM 部分可以分为两个常规区域：程序存储器和数据存储器。

程序存储器中包含所有指令列表和程序代码。这是发送到处理器的内容。在大多数品牌的 PLC 上，将程序指令发送到 PLC 的行为称为"下载"，但是在某些平台上这可能有所不同。

数据存储器中包含输入和输出映像表以及数字和布尔数据。你会发现，PLC 程序中使用的大多数数据是内部存储器数据，与 I/O 没有直接关系！

程序执行时，它会跟踪位（BOOL）是开还是关以及数据存储器中的数据值。不同的平台具有不同的组织数据的方式，其中一些方法将在本节中讨论。

在讨论内存的组织方式之前，讨论存储在内存中的数据类型是很重要的。

2.1　数值数据类型

布尔（BOOL）或位（Bit）：这是最简单的数据形式，它只有两种可能的状态——开和关，或 1 和 0。如果状态分别称为"真"和"假"，则称为 BOOL 更恰当，这意味着逻辑操作。位可能只是较大元素（例如字节或字）的一部分。

字节（Byte）或 SINT：1 字节是为 8 位，有时被称为单整数（Single Integer）或 SINT。1 字节的取值范围为 0 ～ 255，或者 0000_0000 ～ 1111_1111。半字节是 4 位。

整数（INT）或 WORD：16 位组成一个整数（Integer）或 INT。尽管整数通常表示可以应用数学函数的数字，但 WORD 有时仅用于逻辑函数，例如 AND 或 OR。整数可以有 65 536 个可能的值，范围是 0000_0000_0000_0000 ～ 1111_1111_1111_1111。

字符串 1 和 0 的最右边的位为最低有效位（LSB），而最左边的位为最高有效位（MSB）。无符号整数的取值范围是 0 ～ 65 535。有符号整数将 MSB 用作"符号位"。如果符号位为 1，则值为负；如果符号位为 0，则值为正。有符号整数的取值范围是 −32 768 ～ +32 767。大多数 PLC 使用带符号整数。

双整数（DINT）或双字（DWORD）：双整数有 32 位。和整数一样，有有符号版本和无符号版本，这由 MSB 确定。DINT 的值范围是 0 ～ 4 294 967 295（无符号）或 −2 147 483 648 ～ +2 147 483 647（有符号）。

实数（REAL）或浮点数（Floating Point）：实数是一个 32 位数字，可以表示分数或小数点。因为小数点可以在值内向右或向左移动以改变其大小，所以可以说小数点为"浮点"。与字节、整数和双整数不同，无法通过查看各个位的值来确定数字的值。实数由尾数、指数和有效数组成，而且数字中的位只能用于值的表达。实数的范围是 $1.175\ 494\ 4 \times 10^{-38}$ ～ $3.402\ 823\ 47 \times 10^{38}$。

PLC 中还使用了其他数据类型，例如长整数（LINT，64 位）、长实数（LREAL，64 位）和字符串（表示文本字符的字节数组）。

2.1.1　位如何变成数字

如果先前讨论的 1 和 0 令人困惑，那么可以这样考虑：对于一个位，只有两个可能的值：0 或 1，关或开。

对于两位，有四个可能的值（见表 2-1）：都关或 0，0；第一个关，第二个开，或 0，1；第一个开，第二个关，或 1，0；都开或 1，1。

表 2-1　两位开关量状态

0	0
0	1
1	0
1	1

对于三位，组合的可能数增加到 8，如表 2-2 所示。列上方的值显示行中每个"位置"的值。由 1 和 0 组成的字符串称为二进制（以 2 为底的指数）。当向此字符串添加新位置后，前一列的值将加倍。

对于四位，组合的可能数目增加到 16，并且下一列位置的值（权值）变为"8"。然后，这些值从 0000 或十进制的零开始，然后增加到 1111 或十进制的 15。

然后，每个列的值都将作为占位符（16，32，…）加倍，可能的组合数也是如此（32 @ 0 31，64 @ 063）。请记住，计算机和 PLC 只能以 1 和 0 来"思考"或处理数据，因为它们实际上只是开关的集合，尽管它们很小。

表 2-2　三位开关量状态

4 倍	2 倍	1 倍	
0	0	0	0
0	0	1	1
0	1	0	2
0	1	1	3
1	0	0	4
1	0	1	5
1	1	0	6
1	1	1	7

2.1.2　数据格式

除了上面列出的数据类型外，数据还可以用不同的方式表示。例如，一个字节可以显示为二进制的一串 1 和 0（0110 1011），或十进制的数字 107，或十六进制数字 6B。

整数：计算机和 PLC 在使用 2 的倍数时运行效率最高。这是因为微处理器的核心就是一组开关的集合。因此，一个整数就是一系列二进制值，表示每一位的递增值，如表 2-3 所示。

表 2-3　无符号整数的二进制

(MSB/ 符号位)															(LSB)
32 768	16 384	8192	4096	2048	1024	512	256	128	64	32	16	8	4	2	1
0	1	1	0	1	0	0	1	0	1	1	0	1	0	0	1

在表 2-3 中为了确定二进制带有符号整数的十进制值，必须将所有具有 1 位置的值（权值）相加，即：16 384 + 8192 + 2048 + 256 + 64 + 32 + 8 + 1 = 26 985。

在表 2-4 中，该有符号整数值的 MSB 为 1，其十进制值通过将所有其他具有 1 的位值（权值）相加来确定：4096 + 1024 + 256 + 128 + 32 + 8 + 2 = 5546。然后减去 32 768，即 −27 222。这也被称为 2 的补码。

表 2-4　有符号的整数表示

(MSB/ 符号位)														(LSB)
32 768	16 384	8192	4096	2048	1024	512	256	128	64	32	16	8	4	2	1
1	0	0	1	0	1	0	1	1	0	1	0	1	0	1	0

BCD 码（Binary Coded Decimal）：在使用 OIT（Operator Interface Terminal，操作员界面终端）之前，指轮开关和 7 段显示器（见图 2-1）之类的数字设备用于在 PLC 中输入和显示十进制值，如图 2-1 所示。

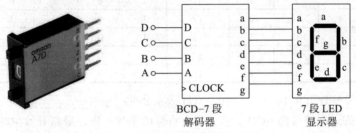

图 2-1　指轮开关与 7 段显示器

为了将数字输入到 PLC 的存储单元，每个指轮开关需要 4 个数字输入到 PLC。可以将每个十进制数字设置为 0 ~ 9 中的一个。当指轮达到 9 时，它将再次翻转到 0 的位置。这意味着不可能使用 1010（10）或 1011（11）之类的组合。

同样，输出用于照亮 7 段显示器的各个部分，每个显示器需要 4 个数字输出。在这种情况下，重要的是不能将非法的输出组合（十进制 10 及以上）发送到设备。

这种用二进制编码表示十进制数的方法称为二进制码十进制数或 BCD。某些操作员界面仍然需要 BCD 码来显示值，因此有时需要将整数转换为 BCD 码的格式。另外，有些 PLC 平台使用 BCD 码作为计时器和计数器的值。

如表 2-5 所示，大于 1001 的 BCD 码会为下一个十进制数使用另一个 4 位值。为了显示数字 9999，16 位模式将其读取为 1001_1001_1001_1001。

表 2-5　二进制码、十进制数与 BCD 码的对应

二进制码				十进制数	BCD 码				
A	B	C	D		B_5	B_4	B_3	B_2	B_1
0	0	0	0	0	0	0	0	0	0
0	0	0	1	1	0	0	0	0	1
0	0	1	0	2	0	0	0	1	0
0	0	1	1	3	0	0	0	1	1
0	1	0	0	4	0	0	1	0	0

（续）

二进制码				十进制数	BCD 码				
A	B	C	D		B_5	B_4	B_3	B_2	B_1
0	1	0	1	5	0	0	1	0	1
0	1	1	0	6	0	0	1	1	0
0	1	1	1	7	0	0	1	1	1
1	0	0	0	8	0	1	0	0	0
1	0	0	1	9	0	1	0	0	1
1	0	1	0	10	1	0	0	0	0
1	0	1	1	11	1	0	0	0	1
1	1	0	0	12	1	0	0	1	0
1	1	0	1	13	1	0	0	1	1
1	1	1	0	14	1	0	1	0	0
1	1	1	1	15	1	0	1	0	1

有符号整数用 0010_0111_0000_1111 表示 9999。

为了表示有符号的 BCD 数值，与有符号的整数一样，最高有效位的四位作为"符号位"。负数用 0001 表示，而正数用 0000 表示。

这样，一个 16 位有符号的 BCD 数值的范围就只有 -999 ～ 999！

十六进制：为了只用 4 个字符以 16 位的形式显示完整的 65 536 个可能值，使用了一个基数为 16 称为十六进制的编号系统。使用以 10 为基数的十进制系统的唯一原因是人类以这种格式计算得最好。所有这些都是因为我们有 10 个手指和 10 个脚趾。如前所述，计算机以 2 的倍数进行计算时效率最高。

在一组 4 个二进制数字（"半字节"或 1 字节的一半）达到 1001 之后，如果不使用 0 ～ 9 之外的内容，则不能将下一个值 1010 表示为数字。为了使用 16 个不同的符号描述基数为 16 的数字，在数字 9 之后，使用了字母 A ～ F 这些符号（见表 2-6）。

表 2-6　不同进制的数字表示

二进制	十进制	十六进制
0000	0	0
0001	1	1
0010	2	2
0011	3	3
0100	4	4
0101	5	5
0110	6	6
0111	7	7
1000	8	8

（续）

二进制	十进制	十六进制
1001	9	9
1010	10	A
1011	11	B
1100	12	C
1101	13	D
1110	14	E
1111	15	F

　　由于十六进制的基数为 16 且为 2 的倍数，因此很容易将二进制数转换为十六进制数。只需从右向左将每 4 位二进制数分成一组，然后转换每个组对应的十六进制即可。

　　八进制：以 8 为基数的数字在 PLC 系统中也很常见。例如，西门子 I/O 寻址是八进制的。这意味着它仅使用数字 0 ～ 7。7 之后的数字将是 10、11、…、17、20、21，依此类推。

　　就像十六进制一样，由于八进制是 2 的倍数，因此很容易与二进制之间来回转换。从右向左将二进制数每三位分成一组，然后每组转换一次；三位一组的最高值是 111，即 7。

　　查看数据类型：PLC 软件允许用户查看此处列出的多种格式的数字，而且不需要计算器。以何种格式查看数据并非总是清楚的，但是通常会有指示符。在西门子平台上，有符号的整数（十进制或以 10 为基数）将没有指示符，但是十六进制数将带有一个 W#16 前缀，表示它的基数是 16。实数将有一个小数点或用指数表示，而二进制表示法可能具有一个前缀或以 1 和 0 的字符串显示。

　　点域和分隔符：如果指定一个整数的单个位，则可能用斜杠或点之类的分隔符显示。例如，N7:5/3（艾伦 – 布拉德利，第 6 个字的第 4 位；编号从 0 开始）或 Q3.2（西门子，第 4 个输出字节的第 3 位）。

　　点域也常用于指定复杂数据类型的元素，如定时器。例如，Timer1.ACC 表示定时器 1 的累加值（整数或双整数）。在一个程序开始之前，了解特定 PLC 的存储器寻址方式非常重要。

　　标签：许多现代的 PLC 平台根本不使用数字数据寄存器，而是允许用户以文本字符串的形式根据需要创建内存对象。艾伦 – 布拉德利的 ControlLogix 和西门子的 TIA Portal 平台就是这样的例子。大多数主要的 PLC 制造商都使用基于标签的数据来生产 PLC。标签在某些平台上也称为符号，但是符号不一定是标签。它可能只是助记地址或寄存器地址的快捷方式。标签名被下载到 PLC 中，并代替地址使用。

　　标签通常根据需要在数据表中创建。它代替了诸如"B3:6/4"或"DB2.DBW14"之类的数字地址，而将诸如"InfeedConv_Start_PB"或"Drive1402.ActualSpeed"之类的符号名称创建为存储单元。创建标签时，需要对数据类型（布尔，定时器，实数）和显示样式（十六进制，十进制）等详细内容进行选择。

　　标签的优点是比数字寄存器号更具描述性。此外，来自寄存器地址的描述和符号仅存在于计算机中，而没有下载到 PLC 中。对于标签，由于地址是实际的寄存器位置，因此基于标签的程序通常可以直接从 PLC 上传。

　　同样，来自 PLC 程序的相同标签可以直接在 HMI 或 SCADA 程序中使用。这样可以节省时间，而不必将 PLC 地址映射到 HMI 标签。

　　当然，仍然可以通过 PLC 的硬件配置来创建 I/O 地址，但是制造商已经创建了各种方法将 I/O 地址与标签连接。其中最有用的一个是艾伦 – 布拉德利的 ControlLogix 平台，在该平台上，任何标签或地址都可以有任意"别名"，并显示在梯形图中，如图 2-2 所示。莫迪康的较新平台也允许将"符号"或标签以类似的方式连接到 I/O 端子。

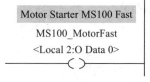

图 2-2　ControlLogix 平台标签

2.1.3　数据结构

　　数组：数组是一组相似的数据类型。例如，可以定义包含 10 个整数或 50 个实数或 32 个布尔值的数组。数据类型不能在数组中混合。

　　定时器、计数器或用户定义的类型等复杂的数据类型也可以放入数组中。通常，数组将使用括号显示，例如 Delay_Tmr [6]，指定数组编号为 6 的元素。

　　某些平台允许定义多维数组，例如 Integer [2,4,5]，这意味着第二组的第四组的元素是整数 5。

　　由不止一种数据类型组成的元素称为结构。结构可以由编程软件（如指令）定义，也可以由程序员定义。

　　用户定义类型：UDT 是一组不同类型的数据或结构。在本课程的后续内容里，将讨论由一种以上类型的数据组成的数据类型。例如，定时器（Timer）和计数器（Counter）由两个整数或双整数以及几个位组成，所有这些组合成一种称为"Timer"或"Counter"的结构化数据类型。

　　UDT 只能与符号或标签一起使用，这是因为 UDT 不是数据。相反，它是数据的定义。定义 UDT 后，必须使用新的数据类型创建标签或符号。

　　建立 UDT 的常见原因是为了描述比简单数据元素更复杂的对象。例如，变频器（VFD）具有许多可能与之关联的数据。再如，电动机需要起动和停止。它具有诸如命令速度、实际速度、加速和减速等各种数值参数来描述其运动。我们还可能想知道它的状态，它是否出现故障以及发生了什么类型的故障。

表 2-7 是在软件中定义的名为"Drive"的 UDT，表 2-8 是由 UDT 创建的标签。该定义不会被下载到处理器，它只能在编程设备上修改。

表 2-7　"Drive"的 UDT

UDT 名字："Drive"		
名字	类型	描述
Run	BOOL	运行命令
Stop	BOOL	停止命令
Alarm	BOOL	报警
Running	BOOL	运行状态
CMDSpeed	REAL	命令速度 %
Act Speed	REAL	实际速度 %
Accel	INT	加速 ms
Decel	INT	减速 ms
Alarmstatus	SINT	报警号码

表 2-8　UDT 创建的标签

名字	类型	状态	描述
Drive_5207	"Drive"		变频器 5207 的主轴驱动
Drive_5207.Run	BOOL	0	运行命令
Drive_5207.Stop	BOOL	1	停止命令
Drive_5207.Alarm	BOOL	1	报警
Drive_5207.Running	BOOL	0	运行状态
Drive_5207.CMD_Speed	REAL	27.34	命令速度 %
Drive_5207.Act_Speed	REAL	0.00	实际速度 %
Drive_5207.Accel	INT	40	加速 ms
Drive_5207.Decel	INT	50	减速 ms
Drive_5207.AlarmStatus	SINT	4	报警号码

标签的子元素是前面描述的点域的一个示例。通过创建 UDT，可以将许多驱动器添加到程序中，而无须进行大量额外的输入。UDT 是快速代码开发中的重要元素。

提示：在非基于标签的系统上，如果注释的程序不可用，UDT 可能会导致问题。请记住，描述和非标签符号不会保存在处理器中。这就是为什么如果没有原始代码则很难重建 Siemens S7 程序的原因，下载的数据块不包含元素的名称。

练习 2

1）将二进制数"0110_1100_1011_0111"转换为：

十进制＿＿＿＿＿＿＿＿十六进制＿＿＿＿＿＿＿＿八进制＿＿＿＿＿＿＿＿

可以将此数字串转换为 BCD 吗？ 为什么或者为什么不？

2）如何将二进制数"1001_0101_1000_1001"写为有符号整数？

3）将十进制数 417 转换为：

BCD＿＿＿＿＿＿＿＿二进制＿＿＿＿＿＿＿＿十六进制＿＿＿＿＿＿＿＿

4）写出数字 2A9E 的二进制数。

这个数字的十进制数是多少？

5）双整数有多少个字节？

6）什么是"标签"？与符号相同吗？

2.2 数据存储器的组织方式

根据 PLC 的类型或品牌，数据存储器以不同的方式组织。一些 PLC 具有分配给特定数据类型的寄存器，即位、整数或实数，如艾伦 – 布拉德利的 SLC 和 Micro，而其他品牌则可能通过是否保留数据（如欧姆龙的保持继电器）或将所有数据放在一起来分离数据，如日本光洋的"V 内存"。

在学习新的 PLC 编程平台时，首先了解其内存的组织方式是非常重要的。例如，在较早的通用电气 PLC 中，数据存储器和 I/O 共享相同的空间。如果将整数保存到寄存器中，会导致执行器移动。

表 2-9 显示了几个 PLC 平台存储区的布局。第一部分是艾伦 – 布拉德利的 SLC 系列，它显示了数据被分成编号为 O，I1，S2，…，F8 的文件。每个数据文件最多可扩展到 255 个字，但是此后必须添加新的文件编号，例如 N9、B10 等。

第二部分显示了 Siemens S7 系列的存储区域布局。该系列的 I/O 是在硬件配置期间分配的，而不是像艾伦 – 布拉德利那样通过插槽号分配的。常规存储区" M "具有固定的大小，而内存块或数据块（Data Block，DB）包含多种数据类型，其大小可达 64KB！

Omron 的内存大小对于每种数据类型都是固定的，不像前面两个示例那样动态分配内存。它的独特之处在于它将保持性存储器（保持区）与非保持性存储器（工作区）分开。

Koyo 与前面介绍的 GE 系统一样使用较大的数据区域，每种类型的数据大小都是固定的，无法扩展。所有数据可以通过"V"地址直接寻址访问。

表 2-9 不同 PLC 平台的存储区布局

Allen-Bradley SLC		Siemens S7		Omron		Koyo		
O	输出	1	数字量输入	CIO	基本 I/O（开关）	T	定时器	VO-37 7
I	输入	Q	数字量输出	CIO	专用 I/O（模拟）		数据字	V400-777
S	系统	PIW	模拟量输入	CIO	CPU 总线 I/O	CT	计数器	V1000-1377
B	位	PQW	模拟量输出	W	工作区		数据字	V1400-7377
T	定时器	M	内存（M）	H	保持区		系统	V7400-7777
C	计数器	DB	内存块	A	辅助继电器区		数据字	V10000-35777
R	控制			TR	中间继电器区		系统	V36000-37777
N	整数			D	数据存储区	GX	远程输入	V40000-40177
F	实数			E	外部存储区	GY	远程输出	V40200-40377
				T	定时器	X	开关量输入	V40400-40477
				C	计数器	Y	开关量输出	V40500-40577
				TK	任务标记	C	控制寄存器	V40600-40777
				IR	索引寄存器	S	阶段	V41000-41077
				DR	数据寄存器	T	定时器状态	V41100-41117
						CT	计时器状态	V41140-41157
						SP	专用寄存器	V41200-41237

2.2.1 I/O 寻址

I/O 寻址因品牌而不同。输入可以用 I 或 X 来寻址，输出可以用 O、Q 或 Y 来寻址，模拟 I/O 标识可以使用与数字格式完全不同的格式。

某些品牌，如 Allen-Bradley，会在配置硬件时根据分配卡的插槽编号指定 I/O，这是无法更改的。其他平台，如 Siemens，在配置过程中有一个默认位置分配给 I/O，但是程序员可以覆盖该默认位置。寻址也可以是八进制、十进制甚至十六进制！

表 2-10 显示了来自多个平台的 I/O 寻址的一些示例。

表 2-10 不同平台的 I/O 寻址

	Allen-Bradley	Allen-Bradley	Siemens	GE	Omron	Mitsubishi	Codesys
	SLC-500	ControlLogix	S7	311	CP1E	FX2N	
数字输入	I:1/3	Local:1:I.Data.3	I0.3	I0103	I0.03	X003	%IX4000.3
数字输出	O:2/5	Local:2:O.Data.5	Q3.5	Q0205	Q1.05	Y025	%QX4002.5
模拟输入	I:3.2	Local:3:I.Ch1Data	PIW272	AI06	CIO200	D302	%IW2022
模拟输出	O:4.3	Local:4:O.Ch2Data	PQW800	AQ007	CIO210	D403	%QW2036
基地址	10	10	8	10	10	8	

2.2.2 程序存储

PLC 平台具有一个指定为首先运行的程序。在学习新平台时确定这是哪一个程序很重要。它有时被称为"主程序"。

与数据存储器一样，程序本身可以以不同的方式组织。主要的 PLC 平台都有某种形式的子程序，不过它们可以用不同的名称来调用。

Allen-Bradley 的 PLC5 和 SLC500 平台按文件号组织其子程序，其中文件 2 或"梯形图 2"是首先运行并调用其他程序的程序，当创建新程序时，它们分别称为"梯形图 3""梯形图 4"等。

Siemens 的程序可以采用不同的形式。基于编号的组织块（Organization Block，OB）具有特殊用途。例如，OB1 是首先运行的连续程序，如果出现网络故障，则运行 OB86，而 OB35 则是以程序员设置的周期运行，如每 100ms 运行一次。函数（Fuction，FC）与标准子程序非常相似，但是它们有本地临时内存。功能块（Fuction Block，FB）与 FC 相似，但具有前面提到的数据块形式的保持性存储器。

Koyo 或 Automation Direct 的 PLC 有子程序，但它们也有称为"阶段"的特殊程序，该程序会自动关闭调用它的阶段。欧姆龙有称为"部分"的子程序，也有称为"任务"的周期性程序。

提示： 在开始程序之前，考虑内存是全局内存（适用于所有程序和例程）还是局部内存（仅适用于部分程序）非常重要。考虑一下您是否将拥有同一代码的多个实例。

功能更强大的 PLC 还可以允许将多个程序放置到一个任务中，如艾伦-布拉德利的 ControlLogix 控制器的管理界面所示（见图 2-3）。尽管程序仍然是一次扫描一个，但这允许将数据表或标签列表分配给一个程序，而不是全局。然后计划程序按任务下特定的顺序运行。

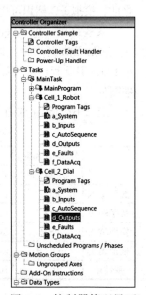

这也允许程序以不同的名称重复，但是使用相同的标签名。由于可以进行编写、测试、复制程序和寻址等操作，因此可以快速进行代码开发。

也可以将任务分配为定期运行，就像西门子之前描述中提到的 OB35 块一样。模拟量 I/O 处理通常以这种方式进行，以适应 PID 指令周期频率。

2.3 硬件配置

PLC 有多种配置。最简单的"砖型"可能只有几个

图 2-3 控制器管理界面

数字量的输入和输出，没有模拟和扩展功能。有时这些被称为"智能继电器"。

图 2-4 显示了松下的小体积"砖型"PLC。

其他 PLC 占用空间非常大，并被放置在带有许多用于扩展的插槽的机架中。可以通过添加远程机架来扩展并行总线，远程机架支持数千个本地 I/O 端子。通信模块可以进一步扩展 I/O 功能，详见 1.13 节。

图 2-5 显示了 Allen-Bradley PLC-5 的机架，而图 2-6 所　　　图 2-4　"砖型"PLC
示是 Siemens S7-400 的机架。

这两者都允许多个（附加）机架配置。这些是"大型机架"PLC 的示例。

图 2-5　Allen-Bradley PLC-5 的机架　　　图 2-6　Siemens S7-400 的机架

除了数字和模拟的 I/O，还可以将用于运动控制、高速计数、PID 或过程控制以及各种其他目的的专用模块添加到机架中，也可以配置多个处理器或通信模块。

在这些非常小和非常大的系统之间还存在许多配置。一些最常见的 PLC 是中等机架或可扩展总线版本。图 2-7 所示是 Koyo DL405 的机架。

这些中等模块化 PLC 的处理器可以内置 I/O，也可以是独立的。大型机架系统的 CPU 没有内置 I/O。　图 2-7　Koyo DL405 的机架
此外，PLC 模块可以端到端连接在一起，而不是有一个物理机架。虽然这意味着中间的模块不容易被拆卸，但这些类型的 PLC 通常价格较低，并且不必为扩展分配备用插槽。

新的 PLC 程序开始的第一步是配置硬件。因为不同的处理器具有不同的内存量，并且 I/O 的地址由配置确定，如图 2-8 所示。添加接口后，将生成新的地址或标签，并且可以在程序中进行选择。

必须先知道 I/O 地址和内存配置，才能编写程序！

一些平台根据机架中的位置（插槽号）分配 I/O 地址，而另一些平台则允许程序员分配地址。通常会有一个默认地址，可以在接口的属性中进行修改。如本课程后面所述，某些品牌的内存分配可能会与 I/O 区域重叠，因此仔细配置和计划很重要。选择硬件通常还包括为每个接口输入硬件或固件编号。如果使用机架，则在插

入接口之前必须选择机架大小。

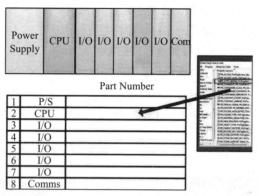

图 2-8 I/O 地址配置

为 PLC 选择硬件之后，CPU、I/O 接口和通信端口将需要进行附加配置。例如，
为状态和时钟位分配存储位置、整定模拟通道以及确定 I/O 的故障状态。附加配置
的常见方法是右键单击元素，然后选择"属性"，或者简单地双击接口。

图 2-9 所示是 Siemens S7 硬件配置界面示例。请注意：I address 和 Q address 可
以通过双击接口和取消选择"默认"框来更改。在带有文件夹的目录中为每种类型
设备选择接口。

图 2-10 所示是 Siemen S7 的另一个硬件配置界面。PROFIBUS I/O 网络可以从
这里配置。

Slot	Module	Order number	Firmware	MPI address	I address	Q address
1	PS 307 10A	6ES7 307-1KA00-0AA0				
2	CPU 313C-2 DP	6ES7 313-6CE01-0AB0	V2.0	10		
X2	DP				1023*	
2.2	DI16/DO16				124...125	124...125
2.4	Count				768...783	768...783
3						
4	DI8/DO8x24V/0.5A	6ES7 323-1BH00-0AA0			0	0
5	AI2x12Bit	6ES7 331-7KB02-0AB0			272...275	
6	CP 343-1 Lean	6GK7 343-1CX10-0XE0	V1.0	11	288...303	288...303
7						
8						

图 2-9 Siemens S7 硬件配置界面示例

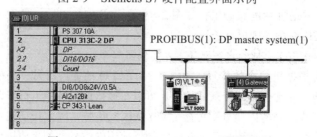

图 2-10 Siemens S7 PROFIBUS 配置界面

图 2-11 所示是 Allen-Bradley RSLogix500 的硬件配置示例，它用于 SLC500 系列和 MicroLogix 编程。双击模拟接口将显示该接口的高级配置。与西门子配置不同，地址不能更改，它们是通过插槽号分配的。

另外，配置插槽 9 中显示的 DeviceNet 接口需要名为 RSNetworx 的单独编程软件。因此，该网络在此处没有像在 S7 软件中那样显示。

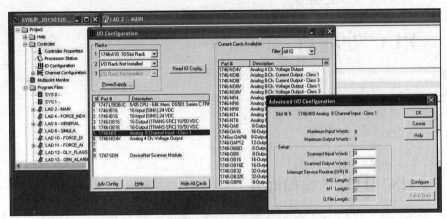

图 2-11   Allen-Bradley RSLogix500 硬件配置示例

练习 3

1）列出 PLC 制造商可用于寻址数据寄存器的 3 种不同的编号系统。

2）PLC 程序从哪里开始扫描？（在哪个程序中？）

3）在 PLC 中编写代码之前，_____ 必须先进行配置。

4）除了在 PLC 中选择接口外，还可以配置哪些其他种类的内容？

第 3 章 Chapter3

PLC 处理器

3.1 IEC 61131-3 编程语言

根据制造商的不同，PLC 的发展方式也有所不同。各个平台之间的编程软件和处理数据的方法可能会有很大差异。因此，1982 年，国际电工委员会（IEC）制定了一个开放标准，该标准对可编程控制器的设备、软件、通信、安全和其他方面做了定义。在美国国家委员会审核初稿后，他们认为该初稿过于复杂，不能作为一个单独的文件来处理。IEC 最初将标准分为如下五个部分：

第 1 部分——一般信息；

第 2 部分——设备和测试要求；

第 3 部分——编程语言；

第 4 部分——用户指南；

第 5 部分——通信。

目前，该标准分为 9 个不同的部分，第 10 部分正在制定中。

第 3 部分，IEC 61131-3，定义了编程中使用的语言。它描述了两种图形语言和两种文本语言，以及用于为顺序或并行处理组织程序的另一种图形方法。它还描述了本书前面介绍的许多数据类型。

IEC 61131-3 中所描述的两种图形语言是梯形图（Ladder Logic，LAD）和功能框图（Fuction Block Diagram，FBD），文本语言是结构化文本（Structured Text，ST）和指令列表（Instruction List，IL），而组织方法是顺序功能图（Sequential Function Chart，SFC），它也是图形化的。另一种扩展语言是连续功能图（Continuous Fuction Chart，CFC），它允许自由放置图形元素，可以被视为 SFC 的扩展。

以下示例说明了五种 IEC 61131-3 编程语言，执行相同功能。它们使用的地址是通用的，逻辑显示选择自动模式和手动模式，以及启用"循环"的定时器。这些示例并非来自实际的编程语言或品牌，而只是用来说明这些语言的用法。

3.1.1　梯形图

梯形图（LAD）是从绘制得像梯子的电路图演变而来的（示例见图 3-1）。作为一种图形语言，这些指令表示电气触点和线圈；梯形图的两侧垂线称为"母线"，而水平回路通常称为"梯级"。在西门子的软件中，梯级被称为"网络"。

在图 3-1 中，"X"地址表示物理输入，"Y"地址表示物理输出。"M"是内部存储器的标记位。

由于如前所述的寻址方式多种多样，所以，寄存器在不同平台上可能具有不同的描述。

实时监视梯形图时，触点和线圈通常会改变颜色用以指示其在逻辑中的状态。如果存在从左到线圈的连通路径，则该地址将被称为"开"或"真"。

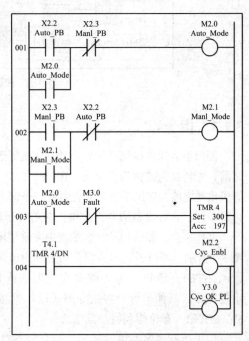

图 3-1　梯形图

图中所示的定时器也显示时间基（time base）信息。如果上述定时器的预设时间是 3s，则时间基将是 10ms。

有关梯形图的更多信息将在后续内容中讨论。

3.1.2　功能框图

图 3-2 显示的功能框图（FBD）与梯形图的功能相同。功能块是从布尔代数演变而来的，AND 和 OR 表示基本逻辑。更复杂的块用于数学、加载、比较和传输数据、计时和计数。与前面的示例一样，这并不代表任何特定品牌的 PLC。

有一些功能，如 XOR（异或），无法在梯形图中轻松表示。同样，由于某些功能框图的复杂性，逻辑通常可以扩展到许多页面。通过页面连接器符号显示页面间的连接。

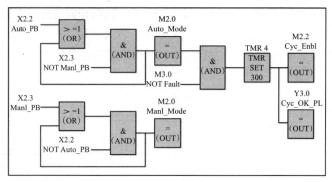

图 3-2　功能框图

3.1.3　指令表

图形语言通常在编译为另一种称为机器语言的低级代码之前，先转换为被称为指令表（IL）的文本语言。在个人计算机出现之前，使用手持式编程器将指令键入 PLC，然后再进行编译。这些设备通常在按键上带有梯形图触点的图片。

某些平台，如西门子，在编程中大量使用了指令表，如图 3-3 所示。西门子版本的指令列表称为语句表（Statement List，STL）。语句表包含许多在梯形图或 FBD 中无法表示的命令。其他平台只将指令列表用作机器语言的"敲门砖"。艾伦－布拉德利就是其中之一。

似乎所有内容都可以转换为指令表 /STL，但事实并非如此，指令表被认为比功能框图（FBD）或逻辑图更为有效。

表 3-1 显示了汇编语言的示例，汇编语言与机器代码有着紧密关系。请注意：汇编语言指令的地址列表用十六进制描述，这与将指令列表转换为机器语言非常相似。

```
LD X2.2 Auto_PB
O M2.0 Auto_Mode
AN X2.3 Manl_PB
= M2.0 Auto_Mode
LD X2.3 Manl_PB
O M2.1 Manl_Mode
AN X2.2 Auto_PB
= M2.1 Manl_Mode
LD M2.0 Auto_Mode
AN M3.0 Fault
= TMR 4 Set 300
LD T4.1 TMR 4/DN
= M2.2 Cyc_Enbl
= Y3.0 Cyc_OK_PL
```

图 3-3　指令表

表 3-1　汇编语言示例

地址	指令集	十六进制	说明
6050	SEI	78	设置中断禁止位
6051	LDA #$80	A9 80	读 H80（十进制 128）到累加器
6053	STA $0315	8D 15 03	累加器内容写入地址单元 03 15
6056	LDA #$2D	A9 2D	存 H2D（十进制 45）到累加器
6058	STA $0314	8D 14 03	累加器内容写入地址单元 03 14
605B	CLI	58	清除中断禁止位

（续）

地址	指令集	十六进制	说明
605C	RTS	60	从子程序返回
605D	INC $D020	EE 20 DO	递增存储器地址 DO 20
6060	JMP $EA31	4C 31 EA	跳转到内存地址 EA 31

提示：由于指令表是基于文本的，因此很容易在第三方文本或电子表格编辑器（如 Microsoft Excel）中进行操作。指令表通常可以以 .csv（逗号分隔）文件或 XML（可扩展标记语言）的形式导入 PLC 或从 PLC 软件导出。这样可以轻松创建具有共同结构的地址或标签的表，然后将其转换为具有不同地址的许多重复梯级或模块。当编写大量重复代码时，这样可以节省大量时间！

3.1.4　结构化文本

结构化文本（见图 3-4）类似于 Pascal 或 C 之类的高级编程语言。变量在程序的开头以及其他参数的配置中声明数据类型。在此程序中有注释，注释以"//"开头，注释显示可能会因品牌而有所不同。

```
//PLC Configuration
CONFIGURATION DefaultCfg
VAR_GLOBAL
        Auto_PB        :IN @ %X2.2        //Auto Pushbutton
        Manl_PB        :IN @ %X2.3        //Manual Pushbutton
        Cyc_OK_PL      :OUT @ %Y3.0       //Cycle OK Pilot Light
        Auto_Mode      :BOOL @ M2.0       //Automatic Mode
        Manl_Mode      :BOOL @ M2.1       //Manual Mode
        Cyc_Enbl       :BOOL @ M2.2       //Cycle Enable
        Fault          :BOOL @ M3.0       //Machine Fault
        TMR 4          :TIMER @ T4        //10ms Base Timer
END_VAR

END_CONFIGURATION

PROGRAM Main

STRT IF (Auto_PB=1 OR Auto_Mode=1) AND Manl_PB=0 THEN Auto_Mode=1
        ELSE IF (Manl_PB=1 OR Manl_Mode=1) AND Auto_PB=0 THEN Manl_
Mode=1
        End IF

        IF Auto_Mode=1 AND Fault=0 THEN
        START TMR 4
        END IF

        IF TMR 4.ACC GEQ 300 THEN
        Cyc_Enbl=1
        Cyc_OK_PL=1
        END IF

        JMP STRT

END_PROGRAM
```

图 3-4　结构化文本

　　线性编程语言（如结构化文本）使用"If-Then-Else"，"Do-While"和"Jump"等结构来控制程序流。在这些语言中，语法非常重要，但在编程中又很难发现错误。允许一次只执行部分代码的调试工具很常见。

　　虽然用结构化文本编写 PLC 代码可能很困难，但它也是比梯形图或功能模块强大得多的语言。它可以开发库来执行复杂的任务，例如使用 SQL 搜索数据或构建复杂的数学算法。同时，由于程序是逐步进行的，因此很难同时响应多个输入。程序控制可能很复杂，会有很多循环。

3.1.5　顺序功能图

　　顺序功能图（SFC）使用通常包含激活输出或执行特定功能的代码块如图 3-5 所示。在许多平台中，块或"步骤"可以包含用其他 IEC 编程语言（例如梯形图或功能框图）编写的代码。程序通过"转换"的方式在块之间移动，该"转换"通常采取输入的形式。

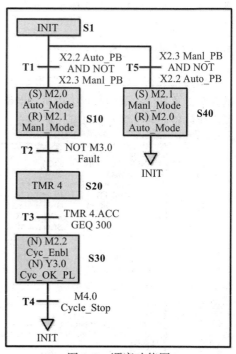

　　SFC 是基于 Grafcet 规范语言的顺序功能图，Grafcet 是由法国研究人员于 1975 年开发的一种顺序控制模型。Grafcet 的大部分又是基于二进制 Petri 网（Place/Transitionnet）。Petri 网于 1939 年开发的，用于描述化学过程。

　　SFC 图中的步骤可以是激活的，也可以是非激活的，并且仅对激活的步骤执行操作。步骤可以由以下两个原因之一激活：它被定义为初始步骤，或者它是在扫描周期中被激活，此后未被禁

图 3-5　顺序功能图

用。当一个转换被激活时，它将立即激活紧随其后的步骤，并取消激活上一个步骤。

　　与步骤相关联的操作可以有多种类型，最常见的是置位（S）、重置（R）和连续（N）。只要该步骤有效，N 行为就一直有效，而置位和重置的操作与其他 PLC 语言相同。

　　步骤内的操作以及操作之间的逻辑转换可以用其他 PLC 语言编写。结构化文本常常用于操作块中，而梯形图则常常用于转换。步骤和转换的标记分别为 S# 和 T#。程序的顶部将始终包含一个初始步骤，程序从此处开始，完成后也将返回此

处。程序将连续扫描一个步骤中的逻辑，直到其关联的转换逻辑变为真；在此之后，该步骤将被禁用，下一个步骤被激活。

3.2 程序处理的原理

3.2.1 扫描

PLC 处理器（CPU）控制程序的工作周期。工作周期或"扫描"由一系列按顺序连续执行的操作组成。

扫描周期分为以下四个步骤：

1）读取物理输入，并将其送到输入映像表。

2）顺序扫描逻辑，读取和写入内存及 I/O 分配表。

3）将生成的"输出映像表"写入物理输出。

4）执行各种"内部处理"功能，例如检查系统故障维护通信以及更新内部定时器和计数器的值。

扫描周期可以如图 3-6 所示。当处理器进入"运行"模式时，模拟和数字输入的状态被捕获，并将其保存到专用于已配置输入的存储寄存器中。在扫描的第二部分，按顺序评估逻辑。如果程序是用梯形图编写的，则一次评估一个梯级，从左到右，从上到下。在处理逻辑过程中，输出线圈和存储线圈会通电或断电，其状态保存到各自的寄存器中。对于输出，它们将保存到在硬件配置期间生成的"输出映像表"中。

执行扫描所需的时间取决于程序中指令的数量和类型。扫描时间可能短至 3 ~ 5ms（非常短的程序或一个非常快的处理器），也可能长达 60 ~ 70ms（较长的程序）。如果扫描时间大大超过此时间段，则执行器的物理反应开始变得明显。此时需要更改为功能更强大的 PLC 处理器，甚至使用多个处理器了。

Allen-Bradley ControlLogix 平台上是一个例外。它不是在扫描的开始和结束时访问输入和输出映像表，而是为每个 I/O 接口配置了一个"请求的数据包间隔"（Requested Packet Interval，RPI）。如图 3-7 所示，I/O 表以此速率更新。

扫描从指定主程序的第一个梯级开始，所有 PLC 都有一个此名称的程序，如图 3-8 所示。在处理逻辑时，将调用其他程序。扫描子程序后，扫描将返回到进行跳转或调用的位置。最终，扫描始终在主程序的末尾（End）处结束。

在图 3-8 中，扫描从主程序的顶部开始，并从左到右，从上到下，逐个分支，进行评估。当扫描到达跳转子程序（也称为"调用"）时，扫描将在新程序（本例中为子程序 1）中继续进行。子程序 1 随后调用子程序 2，当子程序 2 结束时，继续在子程序中扫描。当到达子程序 1 的末尾时，返回主程序继续扫描。

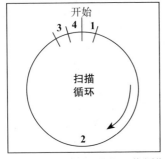

图 3-6　PLC 处理器的工作周期

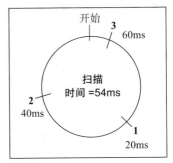

图 3-7　ControlLogix 平台工作周期

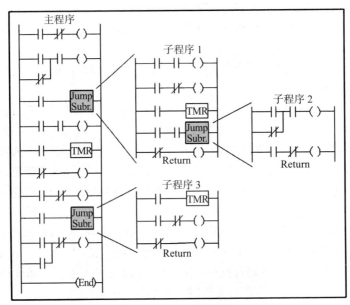

图 3-8　PLC 程序调用

调用子程序 3，将其扫描到最后并返回到主程序。当到达主程序的末尾时，将生成的输出映像表写入物理输出，并完成整理功能（步骤 4）。然后，扫描从主程序的顶部再次开始。

扫描时间因周期而异，这取决于在任何给定时间激活的指令与例程的数量、"内务处理"操作对处理器的加载以及通信连接。每种类型指令的执行时间可以在每个制造商的文档中找到。

硬件也会影响扫描时间。由于技术的进步，较新型号的处理器速度比旧型号的处理器速度要快得多。例如，Allen-Bradley 的新型 ControlLogix 处理器的速度是旧型号 PLC5 的 150 倍，后者是该公司在 20 世纪 90 年代制造的最强大的平台！

3.2.2　PLC 模式

PLC 有多种状态。当处理器以正常方式执行程序和扫描时，称为"运行"模式。最初下载程序时，CPU 处于"停止"或"程序"模式，它不执行程序，并且 I/O 状态不变。

PLC 的模式通常可以通过处理器正面的开关进行更改，这可能是安全的关键。按键开关上通常有一个标记为"远程"的第三个位置，这允许通过计算机来更改状态或模式。这又增加了一个安全层。当开关处于"编程"或"运行"状态时，无法通过计算机更改状态。

连接计算机后，程序有时可以在 PLC 扫描时更改。并非每个 PLC 都允许这样做，而且也并非总是以相同的方式完成。某些平台（例如艾伦 - 布拉德利）允许联机在线时更改每一梯级或梯级代码，然后接受、测试和汇编（编译）程序，而其他平台（如西门子）则允许在不中断程序执行的情况下编译和下载每个块。

另外，许多平台允许将处理器置于"测试"或"调试"模式。这允许将断点放置在代码中，以便在该点停止执行。这在监视"循环"代码时很有用。

I/O 在许多平台上也可以被"强制"。虽然这不是一种模式，但它确实会更改程序的操作。在本书的"维护和故障排除"部分提供了有关强制的更多信息。

练习 4

1）列出 IEC 61131-3 中定义的五种语言。

2）列出 PLC 中扫描周期的四个步骤。

3）PLC 程序在运行期间可以更改吗？

3.3　梯形图类型

梯形图是最常用的也是最早的 PLC 编程语言。由于它基于大多数电气维护人员都熟悉的物理接线图，所以这使得这种图形化的编程易于阅读和排除故障。

在电气系统中，最容易理解的电路是打开灯的开关。图 3-9 显示了将 120V 交流电加载到白炽灯泡的电灯开关的物理接线图。灯泡还需要一根中性线来完成电路。

图 3-9 的底部显示了物理接线图的等效电气接线图。L 代表线电压，N 代表中性线。

图 3-9 中出现了一些符号用于表示电路中使用的设备类型。左侧的设备通常称

为开关电器，右侧的设备为负载。

就像电路图一样，也用符号或数字表示电路中使用的设备的类型，但是它们是根据其功能而不是设备的类型进行分类的（即按钮、开关或传感器使用相同的接触图标）逻辑图，一般会用到图 3-10 中的内容。地址是随着处理逻辑而更新的寄存器。这适用于非基于标签的系统，即使它们使用地址作为 I/O。

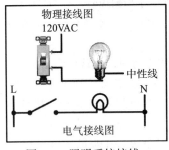

图 3-9　照明系统接线

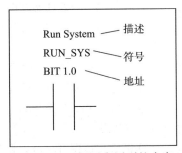

图 3-10　逻辑图中用到的内容

符号可以用作地址的快捷方式。在大多数 PLC 平台中，键入符号将自动调用地址。在基于标签的平台上，可能没有地址，在这种情况下，符号是唯一使用的地址。对于基于标签的系统，符号实际上是作为程序的一部分下载到 PLC 中。对于基于地址的系统，通常不是这样。它是保存在计算机上的程序的一部分，但不存于 CPU 中。符号或标签通常在允许的字符数量和选择方面受到限制。例如，下画线（_）可能必须用空格替换。

描述完全是为了程序员的方便。该描述仅存在于编程计算机中，而不会下载到 PLC。与符号不同，描述内容通常可以有好几行。它通常可以包含任何文本字符，用于充分描述设备或触点的各个方面，例如其物理位置、数字名称或用途。

图 3-11 所示梯形图所实现的逻辑与前面的电气接线图相同。就像电气接线图一样，如果左侧的开关触点闭合，则电灯泡会通电；但是，离线时它是一个常开触点。

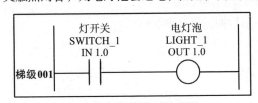

图 3-11　照明控制梯形图

如图 3-11 所示，左侧的设备称为触点，右侧的设备称为线圈。这些名称来自继电器的各个部分，这是继电器梯形图的基础。这种类型的触点被称为常开触点或 NO 触点，其在正常状态下未通电或未激活。还有一些触点在正常状态下，处于通电或 "on" 状态，这些触点称为常闭触点或 NC 触点。

在联机在线状态下查看触点时，它通常会以高亮方式显示该触点已通电。在前面显示的电灯开关逻辑中，这表明常开的开关在这种情况下已被其他设备激活（见图 3-12），触点已变为闭合。线圈周围的绿色高亮表示线圈通电。

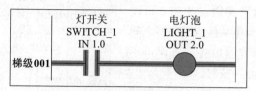

图 3-12　梯形图中设备激活状态（见彩插）

图 3-13 显示了一个常开保护开关与一个常开电动机按钮串联。如果保护开关是电动机盖上的开关，则假定如果盖子已关闭，那么将允许按动电动机按钮使电动机点动运行。因此，在盖上盖子时开关实际上是处于闭合状态。如果卸下盖子，开关就会打开，即使按下电动机按钮，电动机也不会运行。换句话说，如果保护开关关闭并且按下按钮，则电动机运行。这是一个经典的两个触点串联的"与"电路示例。在这个示例中，如果正在通过软件监视电路，则即使盖子在电动机上（保护开关），只要不按下按钮，电动机是不会运行的。

图 3-13　电动机控制

图 3-14 显示了一个传送带的常闭触点与常开按钮触点并联。如果传送带处于打开状态（即传送带运行的输出在程序的其他地方打开），则除非按下按钮，否则喷涂机将不会通电。这说明了一个新概念，即或电路。如果传送带关闭，或者按下按钮，喷涂机的输出将被激活。在这种情况下，由于线圈被激活，并且

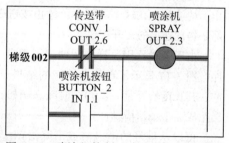

图 3-14　喷涂机控制"或"逻辑（见彩插）

高亮显示通过传送带触点延伸，所以传送带没有运行！还请注意，可以使用输出地址作为触点。

在图 3-14 示例中，线圈显示了前面逻辑的状态。换句话说，如果从左侧到线圈有连通的路径，则表明线圈已通电。如果不是，则线圈断电。然而也可以置位（SET）或重置（RESET）线圈地址，保持线圈逻辑。有时也称为"锁定"和"解锁"。

图 3-15 所示梯形图可以驱动电动机通电运行。它可以通过按下起动按钮或停止按钮"锁定"输出开启或关闭。请注意，线圈已通电，但是从触点到线圈之间没有连通。这意味着输出将一直保持不变，直到按下"停止"按钮。

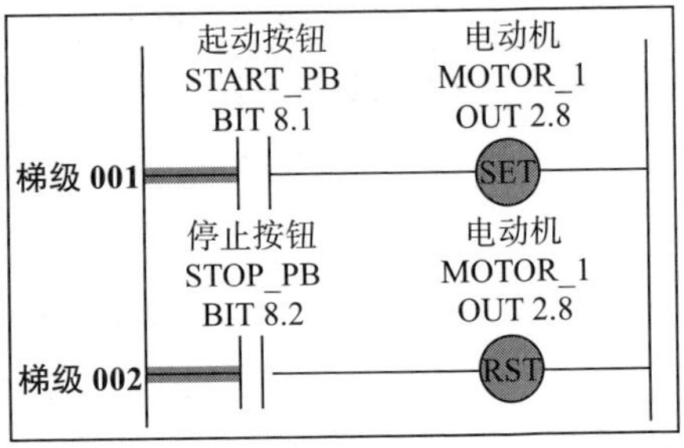

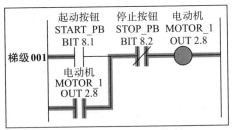

图 3-15 线圈的"锁定"与"解锁"控制
（见彩插）

还要注意的是，在这种情况下，"位"地址用于控制电动机。

由于这些地址不是前面示例中的输入寄存器地址，因此这意味着它们必须来自物理输入以外的其他地方。如果不进行交叉引用就很难判断该位的线圈可能在哪里，但是如果在程序中找不到该地址的线圈，则可能来自 HMI 或操作员界面。

图 3-16 与图 3-15 图例不同，不建议直接锁定输出地址。取而代之的是，锁定和解锁控制输出的存储地址。

图 3-16 展示逻辑的功能与锁定电路完全相同，但方式不同。该电路有时称为"保持"或"自锁"电路，如果按下起动按钮而未按下停止按钮，则电动机线圈将通电。即使松开起动按钮，电动机线圈的"自锁"触点也将确保电动机保持开启状态，直到按下停止按钮为止。请注意，在这个示例中，停止按钮必须是常闭触点，即使两个按钮在两个图中都是物理连接的常开按钮。

图 3-16 电动机自锁控制

由于各种原因，梯形图使用了单沿（上升沿或下降沿）脉冲、单触发或微分脉冲。图 3-17 显示了单脉冲使用的结果。当信号改变状态时，一次扫描产生一个脉冲，其长度恰好是一次扫描时间。例如，按下按钮时，无论按下按钮多长时间，都会生成一个单扫描脉冲。

可以从信号的上升沿或下降沿产生单脉冲。在不同的平台上，它们的名称不同：艾伦－布拉德利使用 OSR 和 OSF 触点，称为"上升沿触发脉冲"和"下降沿触发脉冲"；ONS 有时也会在上升沿使用。该触点在西门子平台的梯形图中显示为 -(P)- 和 -(N)-。

欧姆龙的上升沿触发脉冲（DIFU）和下降沿触发脉冲（DIFD）在图中显示为：-| DIFU | - 和 -| DIFD | -。三菱称它们为 PLS 或脉冲，显示为 - | PLS | -。

某些类型的单沿触发脉冲作为"box"型指令放置在逻辑行的末尾。它们有两个地址，一个地址用于存储，另一个地址用作输出。这些输出触点可以在程序中的多个地方使用。行内单脉冲触发必须各自具有自己的存储"位"地址；请勿令多个单触发使用同一地址！

单触发通常与锁定电路配合使用，以确保图 3-18 所示逻辑默认为关闭状态。如果单触发是前面所述的"串联"类型，则每个触发必须具有自己的地址。

只要出现电动机故障，电动机控制位将保持在关闭状态。要重新打开该位，必须清除故障，而且需要再次按下"ON"按钮。

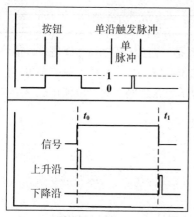

图 3-17　触发脉冲

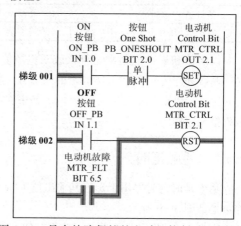

图 3-18　具有故障保护的电动机控制（见彩插）

还请注意，即使梯级与 RST 线圈之间高亮显示，但是线圈本身并没有高亮显示，则表明其地址状态为"OFF"（断电）。对比此情况与图 3-16 中的电动机自锁控制梯形图，这是使用软件监控 PLC 逻辑时的典型情况。

练习 5

1）绘制梯形图，通过按下物理按钮将机器置于自动或手动模式。如果发生故障，需要确保将机器置于手动状态。

2）绘制梯形图，完成以下任务：

a）使用起动按钮和停止按钮（使用自保持触点）起动电动机。两个按钮都应为常开（NO）。要求包括一个常闭（NC）故障触点，它可以使电动机停止运转。

b）如果在电动机运行期间电动机过载跳闸或防护门打开，则将锁定故障位。

c）如果有故障，红色指示灯亮。

d）如果电动机正在运行，绿色指示灯亮。

e）如果没有故障，并且按下重置按钮，则将故障重置。

使用本文档所示的通用方法为所有触点和线圈分配地址，如 BIT、IN、OUT。

3.4　定时器

梯形图中定时器的目的是延迟信号变为"ON"或"OFF"的状态。定时器可以跟踪过程中的时间累计、创建固定长度的脉冲或确定是否发生故障。

在查看定时器的工作方式之前，查看其数据结构（见表 3-2）是很重要的。

表 3-2　定时器数据结构

设定值									
累计值									
状态位									…

设定值和累计值通常是整数或双整数值。但是，西门子使用 BCD 值，该值将时间基合并作为一个字（16 位）的一部分。状态位始终包含"完成"位，但也可能包含定时器使能位或定时器定时位。如果状态位不包含这些，则可以使用逻辑结构轻松生成它们。

3.4.1　通电延时

通电延时定时器用于延迟其输出位（Done Bit）变为接通"ON"的状态，其工作波形如图 3-19 所示。

在图 3-20 所示梯形图中，按下按钮，定时器开始计时。经过设定时间（Set），输出位变为"ON"状态，并保持该状态，直到释放按钮为止。如果在累计时间（Accumulated time，Acc）达到设定值之前释放按钮，则这个定时器的 Acc 将重置为零。累计时间达到设定值时输出位变为"ON"状态，"定时器输出"触点变亮，意味输出灯 1 通电。

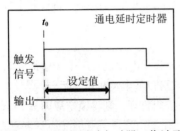

图 3-19　通电延时定时器工作波形

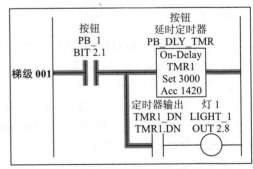

图 3-20　灯 1 延时亮起

提示：该设定值为数千。根据 IEC 61131-3，定时器以 ms 为单位计时，因此 3000 的定时时间是 3s。而且，定时器将随着时间递增计数。并非所有平台的定时器都以这种方式执行。有些定时器是倒计时，还有些定时器则允许它们以 10ms、100ms、1s 甚至 10s 的时间基为增量进行计数。现在，大多数主要制造商都有符合 IEC 定义的定时器。

3.4.2 断电延时

断电延时定时器延迟其输出位变为"OFF"状态，工作波形如图 3-21 所示。断电延时与通电延时不同，它通电后，输出位立即变为闭合"ON"状态，直到定时器断电，定时器才开始计时。

感应器通电后，输出位立即变为"ON"，定时器输出触点变亮，灯 2 亮起。当感应器断电时，定时器开始计时，当达到设定（Set）值后，输出位变为"OFF"，定时器输出触点断开，如图 3-22 所示。在此期间，累计值以毫秒为单位递增。

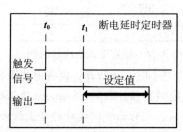

图 3-21 断电延时定时器工作波形

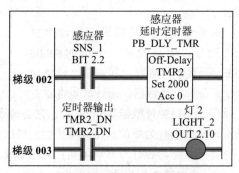

图 3-22 灯 2 延时熄灭

请注意，使用这种类型的定时器，其输出触点不能像通电延时定时器那样放在触发触点之后的分支中。如果放在触发触点之后，则感应器一旦断电，灯就无法亮起，尽管某些平台可以实现这一点。断电延时定时器也可以用作"脉冲扩展器"。

提示：对于许多 PLC，输出位与定时器具有相同的地址。图 3-23 所示的内容来自西门子 S7 程序的梯级或"网络"。请注意，符号 T1 既在 SD（通电延时定时器）线圈上，也在 NC 触点上。触点是"输出"位。该梯级每 2s 创建一个扫描宽度脉冲。

```
        T1                          T1
     On Delay                   On Delay
   Free-Running               Free-Running
       Timer                      Timer
     "Timer 1"                  "Timer 1"
 ───┤/├───                   ───( SD )───

                                 S5T#2S
```

图 3-23 每 2s 延时定时器重置 1 次

定时器的另一个不属于其数据类型的是"RESET"重置线圈。该线圈用于将累计值设置为零。虽然重置在保持型定时器中最常用，但所有定时器都具有此功能。

3.4.3 保持通电延时

保持通电延时定时器使触点不通电也能保持其累计值。这对于在设备或产品上累积运行时间很有用。这意味着必须将其重置。

当电动机运行时，定时器会累积时间。当电动机停止运行时，定时器保留其累加值，不进行重置。当累加器达到设定值时，定时器将停止计时，输出位被激活，这表明需要对电动机进行维修了。设定电动机维修时间的梯形图如图 3-24 所示。

通常情况，不是将设定值设为较大的数字，而是设置一个诸如 60000（60s）的数字。然后，利用输出位增加一个"分钟"计数器，该计数器将重置

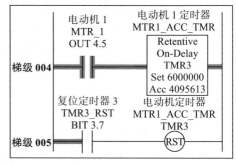

图 3-24   设定电动机维修时间

定时器。当分钟计数器达到 60 时，它会递增一个"小时"计数器；设备上的服务通常规定以小时为单位。完成维护后，可以重置定时器和计数器。Siemens 的保持通电延时定时器的作用有所不同：删除触发信号后，定时器将继续计时直至结束。Siemens 定时器也从其设定时间开始计时。

3.4.4 脉冲

脉冲定时器在通电时会产生固定长度的脉冲，输出位立即被激活变为"ON"并保持，直至达到设定值，如图 3-25 所示。如果较早地将定时器的触发信号移除，则某些脉冲定时器的完成位立即变为"OFF"。

如果触发信号"OFF"状态保持在比设定时间短（t_1）或比设定时间长（t_2）的位置，则脉

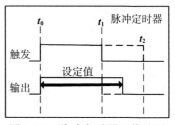

图 3-25   脉冲定时器工作波形

冲输出位将在设定时间内保持"ON"，如定时器 Siemens S_PEXT 触发信号在设定时间之前释放，某些脉冲定时器（如 Siemens SE）将在 t_1 时刻使输出位的状态为"OFF"。对于没有脉冲定时器的 PLC 品牌，可以使用两个通电延时定时器生成脉冲。

练习 6

1）绘制梯形图，使电动机的起动延迟 3s，使用起动和停止按钮控制电动机，确保在电动机起动前松开按钮，它仍将起动。

2）绘制梯形图，以确保每当有物体从传送带上的光电眼前方经过时，喷涂机至少保持开启状态 2s。如果传送带未运行，请确保喷涂机停止运转。

3）绘制梯形图，创建 1s 通、2s 断的连续脉冲。按下按钮产生该连续脉冲信号，并通过蜂鸣器发出此信号。

4）自动化系统中的常见组件是自动循环起动电路。当设备处于自动模式并准备运行时，操作员持续按下按钮 3s 后，设备才能起动。如果提前释放按钮，定时器将重新起动。一旦定时器计时结束，系统将处于"自动循环"状态。设备起动过程中，蜂鸣器会经常发出声音或发出脉冲警报，警示设备处于起动状态。

如果需要停止设备，则使用"循环停止"按钮。如果设备处于运行中，则需要等到它完成后再停止，这需要一个存储位，通常被称为"循环停止请求"。如果发生故障，设备会立即停止。

3.5 计数器

计数器用于寄存器中增加或减小计数。与定时器一样，计数器也具有与之关联的数据类型，如表 3-3 所示。

表 3-3　计数器数据类型

设定值									
累计值									
状态位									…

除了 Siemens 平台之外，设定值是大多数计数器中输出位激活的值。累计值是寄存器中的当前计数值。与定时器不同，定时器在输出位激活时停止累加，而计数器将继续递增。设定值和累加值可以是整数，也可以是双整数，取决于具体平台。

除输出位外，还可能存在其他状态位：

1）向上计数（CU）：向上计数触发器处于激活状态时有效。

2）递减计数（CD）：递减计数触发器处于激活状态时有效。

3）溢出（OV）：当累加值超过整数或双整数的最大值时有效，具体取决于品牌 / 平台。

4）下溢（UN）：当累加值超过整数或双整数的最小值时有效，取决于品牌 / 平台。

提示： IEC 61131-3 对计数器的定义指出，当累加器达到设定值时，计数器的输出位将改变状态。然而，西门子计数器再次以不同的方式工作；如果累加器的值大于零，则输出位的状态为"ON"。因此，西门子程序员经常使用累加器和累减器进行计数。

共有三种类型的计数器：加法计数器、减法计数器和可逆计数器。虽然每个品牌都需要一个加法计数器和减法计数器，但并非所有 PLC 都提供可逆类型计数器。

单独使用加法和减法计数器，效果相同。与保持定时器一样，计数器需要一个重置位。某些计数器也会通过"设置"位将设定值放入累加器。

图 3-26 的功能是跟踪零件进出传送带系统上的"减震区"。传感器位于该区的入口和出口，所以进入的零件使用加法计数器计数，离开的零件则使用减法计数器计数。当"输出"位处于激活状态时，关闭"减震区"的门，以防止新零件进入减震区，直到零件退出。

请注意，两个计数器使用了相同的地址。这对于确保有相同的地址的加法和减法计数器非常重要。

那么，当计数器达到上限值（OV）或下限值（UN）时会发生什么？如果超过上限值，它将翻转至负值范围；如果

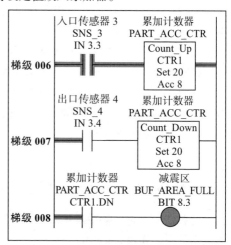

图 3-26　进出"减震区"零件跟踪

沿负值方向向下计数，则翻转至正数范围，如图 3-27 所示。这是上限和下限状态位的作用，它们表明边界已被越过。在确定对上限或下限采取措施后，可以将它们重置（解锁）。

如果计数器是基于双整数设备，则设定值的取值范围为 -2 147 483 648 ～ +2 147 483 647。计数器的重置与定时器的重置相同，如图 3-28 所示。

图 3-27　计数器极限值

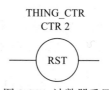

图 3-28　计数器重置

除了重置位之外，还可以使用置位线圈将设定值加载到累加器中。如前所述，它用于减法计数器，Siemens 计数器在较旧的 S5 和 S7 平台中具有不同的操作方式。当累计值不为零时，输出位的状态为"ON"。

练习 7

1）绘制一个梯形图，用于记录进入盒子里的零件个数。具体要求：当盒子装满（10 个零件）时，锁定一个控制指示灯的存储位，指示灯示意操作员取下盒子。使用传感器检测盒子是否已被移走。卸下盒子后，重置计数器和控制指示灯的存储位。

2）绘制梯形图，要求使用保持通电延时定时器累计电动机的运行时间。具体功能：当定时器达到 1min 时，请使用输出位递增"分钟"计数器，并重置定时器。当计数器达到 60min 时，使用其输出位来递增"小时"计数器，并重置分钟计数器。当小时计数器达到 10 000 时，需要对电动机进行维护。

不要自动重置"小时"计数器；需要维护技术人员按下按钮，确认已完成维护。考虑设计逻辑图如何确保技术人员进行了维护？

当操作员按下按钮时，不要忘记重置定时器和其他计数器！

3.6   数据和文件移动

编程的重要部分是对数据的操作、修改和移动。最简单的方法是将数字从一个地方移动或寄存到另一个地方。

3.6.1   移动

尽管此操作使用了通用术语"移动"，但实际上它是一个复制，因为移动的数值依然保留在其移动前的位置。

图 3-29 所示逻辑是将一个描述故障编号的整数移入寄存器中。这个数字可用在触摸屏上显示消息，或者在比较中通过锁定位来设置故障状态。如果在线监视逻辑，则蓝色的数字表示寄存器（WORD 6）中的实际数字。

在本例中，移动的是常量，但是数字也可以从一个寄存器移到另一个寄存器。

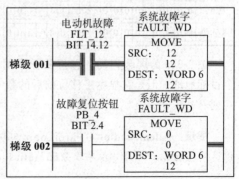

图 3-29   移动故障编号至寄存器（见彩插）

图 3-30 所示逻辑显示速度已被移至
VFD 速度命令。由于这些数字是浮点数
或实数，因此它们需要一个双字或 32 位
的寄存器。

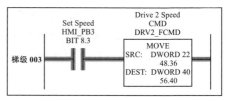

图 3-30　完成速度移动的寄存器结果

对于较大的数据结构，通常使用不
同的指令。在 Allen-Bradley 平台中，这
条指令为 COP 或"复制"（Copy）。该指令还可以移动数组中的多个文件。对于
Siemens 平台，指针必须在西门子版本的语句表（STL）中使用。

3.6.2　屏蔽移动和移位

数字的部分内容也可以移动。如果有必要提取 16 位或 32 位数字的特定部分，
则可以通过屏蔽实现，如表 3-4 所示。

表 3-4　数字屏蔽

源码	1101	_0111	_0011	_1001	_1000	_1010	_0011	_1001
掩码	0000	_0000	_1111	_1111	_0000	_0000	_0000	_0000
目标码	0000	_0000	_0011	_1001	_0000	_0000	_0000	_0000

源码是一个 32 位数字，即四个字节。如果只想将第二个字节移到寄存器中，
则掩码只需将要移动的数据位置为"1"，而其他位置为"0"。掩码通常以十六进制
数字形式输入，本例中的掩码为 00FF0000，或仅为 FF0000。

当然，这样会出现目标字节在双整数中位置错误问题，该问题可以通过使用
Shift（移位）指令轻松纠正，结果如表 3-5 所示。在本例中，右移 16 个空格。

表 3-5　Shift 指令运行结果

源码	0000	_0000	_0011	_1001	_0000	_0000	_0000	_0000
目标码	0000	_0000	_0000	_0000	_0000	_0000	_0011	_1001

图 3-31a 为屏蔽移动和移位的梯形图。图中移位指令可能不像其他指令有一
个目标地址，但是它显示了移位前后的数字。也可以使用左移（Shift Left）指令来
实现。

提示：Allen-Bradley ControlLogix 5000 平台有一条指令可以同时执行移动和移
位这两项功能，称为"位字段分配"（Bit Field Distribute，BFD）。

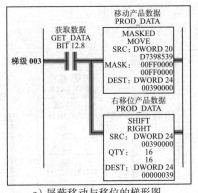

a）屏蔽移动与移位的梯形图   b）产品数据

图 3-31 屏蔽移动与移位操作

3.6.3 文件复制

文件指令用于移动大于单个元素或 32 位的数据结构。如果一个文件是单一结构（例如 UDT）或单一数据类型（例如数组），则可以使用一个简单的"复制"类型命令，如图 3-32 所示。如果需要移动特定的重叠部分，则可以使用更复杂的基于指针的命令。

提示：图 3-33 所示逻辑说明了指针在 Siemens S7 平台上的使用情况。SFC20 是一个块移动命令，它允许使用指针来指定数据类型（本地和标记存储字节）、数据大小（10 个字节）及其在结构中的位置（0.0 ~ 150.0）。该命令允许将移动指定到位级。

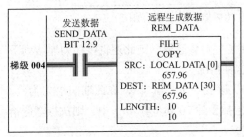

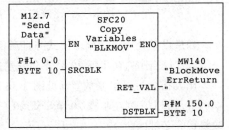

图 3-32 文件复制   图 3-33 在指定位置间发送 10 字节数据

许多西门子指令上都存在 RET_VAL（返回值）输出，以允许异常返回值。

3.7 比较

数据比较是 PLC 编程的一个重要组成部分。尽管比较处理的是数值，但它们是输入类型指令。也就是说，处理结果要么为真要么为假。

任何 PLC 都有的标准比较指令，包括：等于（=）、不等于（＜＞）、大于（＞）、小于（＜）、大于等于（＞=）和小于等于（＜=）。

有些 PLC 平台要求所比较的数据类型相同，而有些平台则允许在不同类型之间进行比较。如果比较的数据类型必须相同，那么可能需要使用转换指令。

图 3-34 所示梯形图说明了使用两个比较指令来激活用于向食物中添加巧克力调味料的位。如果所选产品编号在 0 ~ 4（包含 0 和 4）之间或等于 12，则该位为真。本例中，所选择的产品编号在 WORD 6 中是 3。

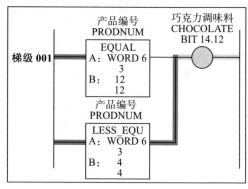

图 3-34　比较指令应用

在自动序列中也经常使用比较来完成从一个步骤移至另一步骤或确定何时激活输出，如图 3-35 所示。

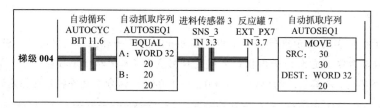

图 3-35　比较指令在自动抓取序列中的应用 1

如果设备处于自动循环模式并且激活了一对传感器，则此逻辑将序列递增到下一步。这仅当序列在步骤 20 时才会发生这种情况。

比较指令可以串联放置（见图 3-36），形成一个"窗口"，在此期间语句为真。本例中，如果序列在步骤 20 至步骤 40（包括步骤 20 和步骤 40）中，则执行降低拾取装置的 Z 轴的命令。

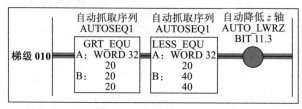

图 3-36　比较指令在自动抓取序列中的应用 2

某些 PLC 平台只需一条指令即可完成此功能。

提示：Allen-Bradley "Limit" 指令可用于形成一个窗口，如图 3-37 所示。在此窗口中可以对低值和高值之间的序列状态进行测试。如果下限值大于上限值，则指令将反向操作；如果测试值超出范围，则该指令为真！ Siemens TIA 软件实现此功能的指令是 "IN_RANGE" 和 "OUT_RANGE"。

在某些平台上，掩码也可以与相等指令一起使用。与 "掩码移动" 指令一样，只要掩码中有 1，就会比较这些值。

图 3-38 中，WORD 20 和 WORD 22 中的两个值似乎不同，然而线圈已通电。这是因为仅查看了最高 8 位，而忽略了低 8 位。

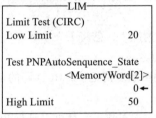
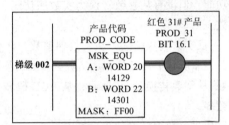

图 3-37　Allen-Bradley "Limit" 指令　　　图 3-38　掩码与相等指令

表 3-6 描述了 14 129 和 14 301 相等的二进制数及掩码。

表 3-6　源 A 和源 B 掩码相等

A	0	0	1	1	_	0	1	1	1	_	0	0	1	1	_	0	0	0	1
B	0	0	1	1	_	0	1	1	1	_	1	1	0	1	_	1	1	0	1
掩码	1	1	1	1	_	1	1	1	1	_	0	0	0	0	_	0	0	0	0

练习 8

1）如果 "掩码相等" 指令中的掩码为 00FF，则 31 290 和 4410 相等吗？

2）绘制梯形图，具体要求：根据 I/O 与 / 或内置位，通过三个不同的步骤完成一个自动顺序递增。在最后一步，将序列重置为零。

为什么您认为本章中的自动序列示例中递增是 10，而不是 1？

3.8　数学指令

PLC 中的数据处理通常涉及对数据进行数学运算。并非所有处理器都允许在不同数据类型之间进行数学运算，因此可能需要将一种数据类型转换为另一种数据类型。

3.8.1　转换

常见的转换包括以下内容：

1）从整数（INT）转换为双整数（DINT），从双整数（DINT）转换为整数（INT）。这种类型转换的内在问题是 DINT 中的数字不适合放入 INT 中。请记住，这些通常是带符号的值，因此可以输入的整数最大值介于 −32 768 ～ 32 767 之间。

2）从双整数转换为实数，从整数转换为实数。某些平台有从双整数转换为实数的功能，但没有从整数转换为实数的功能。在这种情况下，必须先将整数转换为双整数。

3）从实数到双整数，从实数到整数。在这种情况下，您将丢失小数点后的值。同样，并非所有平台都具有从实数到整数转换的功能。

4）从整数转换到 BCD 码，从 BCD 码转换到整数。请记住，BCD 码的位数将比整数多。

需要进行数据转换的平台有 Siemens 和 Koyo。大多数平台都可以进行 BCD 码数据转换。

3.8.2　加法与减法

加法和减法通常适用于所有数据类型。一个典型的用法是将寄存器增加或减少一定数量，如图 3-39 所示。

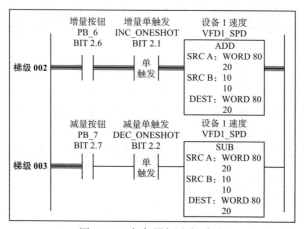

图 3-39　寄存器加法与减法

图 3-39 中，每次按下按钮时，寄存器中的数值加减 10。请注意，该数字是从寄存器中减去，然后又放回到同一个寄存器中；这是完成此操作的一般方法。还请注意，按钮上使用单触发。如果不使用单触发，则指令不会在每次按下按钮时进行加减，而是在按下按钮时对每次扫描进行加减！如果不小心，就可能会在 WORD 80 中得到一个非常大的数字！

梯级 002 的通用名称是累加器，而下面的梯级 003 有时也称为累减器。

提示：西门子计数器有很多限制。如果计数器不为零，则"输出"位为 ON，并且设定值和累积值是带符号的 BCD 码数值，它们仅在 −999 ～ +999 之间计数。

正因为如此，西门子程序员经常会使用累加器 / 累减器逻辑进行计数。在这种情况下，"完成"位将通过使用大于或等于指令创建，重置命令将零移入累加器中，然后寄存器将递增 1 和递减 1。

3.8.3　乘法与除法

与加法和减法一样，可以对任何数据类型进行乘法和除法，但是出于以下几个原因，使用时必须格外小心。

如果两个整数相乘，则确保结果适合放入目标地址是非常重要的。例如，如果将 20 000 乘以 20 000，则 400 000 000 的答案不适合放入整数寄存器或标记中。

如果分母太小（或为零），则会发生同样的情况。

图 3-40 所示逻辑是计算 6000 gal［1gal（美）= $3.785\ 412 \times 10^{-3} \mathrm{m}^3$，下同］油箱的注入百分比。将测量体积（WORD 60）除以总体积（WORD 62），然后乘以 100。本例中，数据类型是混合的，整数除以整数，结果是实数。然后将实数乘以一个整数，结果放在另一个实数中。如果所使用的 PLC 不支持此功能，则必须将数据从整数转换为实数。

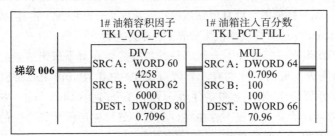

图 3-40　寄存器乘法与除法

某些品牌的 PLC，数据类型必须相同才能进行数学运算。在这种情况下，必须对数字进行转换，如图 3-41 所示的 Siemens S7 数学运算示例。

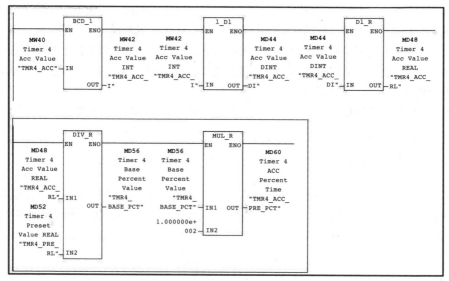

图 3-41   Siemens S7 数学运算示例

与前面的示例一样，图 3-41 所示逻辑将计算一个百分比，这里是计算定时器的完成百分比。西门子的定时器累加值是 BCD 码，因此该数字先从 BCD 码转换为整数，再转换为双整数，最后转换为实数。由于西门子的定时器从设定值开始计时到零，因此最终值需要从 100% 中减去显示完成所需剩余时间的百分数（100.0-TMR4_ACC_PRE_PCT 或 100-MD60）。

练习 9

1）变频器（VFD）用于控制传送带。它的最高转速（记为 Max RPM）是 1750（r/min），但从变频器发送的数字是整数型。全速下，读数为 31 760，而停止时读数为零。编写梯形图以计算变频器的实际速度（记为 RPM）占其总速度的百分比（记为 Percent），同时提供单位为 r/min 的真实速度。

2）生产线生产的零件和不合格零件的数据需要在每个班组结束时手动输入。第三个班组完成换班后，分别有 3 个名为 Shift1_Prd、Shift2_Prd 和 Shift3_Prd 的寄存器存放各班组生产的全部零件数，另有 3 个名为 Shift1_Rej、Shift2_Rej 和 Shift3_Rej 的寄存器分别存放不合格零件的数。编写梯形图计算当天的总零件数、总不合格零件数和总合格零件数。

3.9   整定

一个重要的数学函数是将原始测量的模拟值转换为有计量单位的可用数值，或者将一个单位转换为另一单位。这被称为整定，它遵循标准公式：$Y=MX+B$。Y 是 Y 轴的单元，X 是 X 轴的单元，B 为偏移量，而 M 是标量，表示变化率，可以通过 Y 轴"上升"值或增量除以 X 轴的"运行"值或增量来确定。

在图 3-42 中，温度传感器产生 $0 \sim 10\ V$ 信号。将其连接到模拟卡，该模拟卡产生的信号范围为 $0 \sim 32\ 767$（带符号整数）。

使用温度计测量两个不同点的实际温度，并记录每次测量的原始值；第一个点 $P1$ 在 35℃时模拟卡上记录为 8224，而第二个点（$P2$）在 250℃时记录为 28 876。

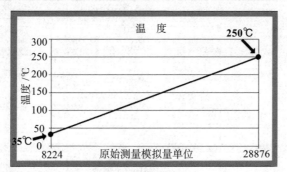

图 3-42　整定示例

将原始测量结果整定成温度（℃）的第一步是计算标量 M。Y 的"上升"值或差值是 Y_2-Y_1、250-35 或 215。"运行"值或差值增加是 X_2-X_1、28 876-8224 或 20 652。上升值除以运行值得标量 M 为 0.010 410 61。

下一步是计算偏移量 B。由于 $Y=MX+B$，B 系数可以通过 $B=Y-MX$ 计算。将 $P1$ 的值 Y_1 和 X_1 代入，计算 $B=[35-(0.010\ 410\ 61 \times 8224)]$，得偏移量为 −506 168 894。有了 M 和 B 这两个常数就可以用来计算任何插入值 X 所对应的 Y。

举例说明如何使用此公式计算温度，假设温度传感器的原始测量值为 10 512，将此值读入模拟卡。如果使用公式 $Y=MX+B$，则温度为（0.010 410 61 × 16 512）−50.616 889 4，或 121.28℃。

此公式还可用于在一组计算中计算所有这些变量。艾伦 – 布拉德利的参数整定（SCP）指令允许程序员在指令中输入测量量的上限值与下限值、整定后的上限值与下限值以及测量值，然后将计算后的整定值输出到另一个变量。

图 3-43 展示了 SCP 指令各参数情况。输入值为来自模拟卡的有符号整数值 N248:0，输入的下限

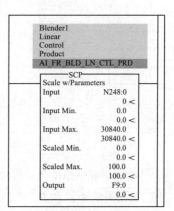

图 3-43　SCP 指令

值和上限值取自模拟卡上的观察值，而整定的下限值和上限值 0.0 和 100.0 表示输入值的 0% ～ 100%。结果放到浮点数寄存器或实数寄存器 F9:0 中。

但是，包括 Allen-Bradley ControILogix 在内的许多 PLC 设备没有该指令，但是可以很容易地按如图 3-44 所示逻辑实现该功能。

图 3-44 所示逻辑也可以封装在子程序、函数或" Add-On 指令（AOI）"中，其中参数可以传入，并传出结果。

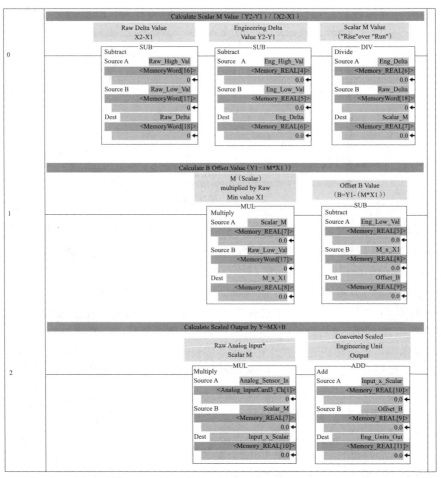

图 3-44　计算标量 $M=(Y_2-Y_1)/(X_2-X_1)$

前两个梯级使用"参数传递"的变量上限和下限（如 SCP 指令所示）来计算内部（局部）变量 M 和 B。然后在第三个梯级中使用它们将模拟传感器的输入整定为具有工程单位的数值。

练习 10

一个用于混合果汁的容器大约可以装 8000 gal 的液体。现有一个可产生 4 ～ 20mA 信号的压力传感器连接到模拟卡的通道 1 中。

容器中装有 6000 gal 果汁，模拟卡的读取记录为 24 780，然后将容器中果汁完全排空，传感器记录的值为 96。

绘制梯形图，将来自传感器的原始读数整定为加仑数，并计算升数（1 gal= 3.78541 L）。

3.10 高级运算

除了前面提到的加法、减法、乘法和除法指令外，这里还列出了更多高级运算指令及其用途。

指数——指数表示一个数与自身相乘的次数。指数通常用"^"符号表示，因此 3^4 是 3×3×3×3。

对数，自然对数（LOG，LN）——对数（LOG）是指数的反函数。例如，如果 2^3 是 2×2×2=8，其中 3 是指数，那么以 2 为底的 8 的对数为 3。通常 LOG 表示以 2 为底，而自然对数（LN）的底数为 2.718。自然对数常用于数学和物理学（计算分贝和 pH），而 LOG 常用于计算机计算。

正弦、余弦、正切（SIN、COS、TAN）——也称为三角函数，用于计算几何坐标。这些函数连同它们的倒数及其反函数经常在运动控制中使用。

模（MOD）——此函数计算除法运算后的余数。

绝对值（ABS）——返回数字的正数，即使它是负数也是如此。−15 和 15 的绝对值均为 15。

3.11 其他指令

除了前面列出的那些指令外，在不同的 PLC 平台上还有许多其他指令。这些只是主要 PLC 品牌所共有的一些指令。

3.11.1 字符串操作

正如本书数据部分所述，字符串是 SINT 或单整数（字节）的数组。数组元素包含 ASCII 字符，可以将其视为可打印字符，其中包含一些不可打印命令。字符串中包含的值可以显示为十进制或十六进制数字，也可以显示为文本字符。如果以文本形式显示，则通常在字符前用"$"符号显示，例如 Text=$T、$e、$x 和 $t 字符。它们等于十进制数 84、101、120、116 或十六进制数 54、65、78、74。这些可以在标准的 ASCII 表中找到，本书附录中也有。

字符串还可以包含一个长度（LEN）字段，该字段包含字符串中存在的字符数。例如，如果一个字符串有 80 个字符的空间，但用字符"Today is Tuesday, September 13"填充，则 LEN=30。

连接（CONCAT）——将两个字符串连接在一起。

中间（MID）——将指定的字符串复制到另一个字符串指定的中间位置。

查找（FND）——在另一个字符串中查找指定字符串的起始位置，通常返回找到的字符串的位置。

删除（SDEL）——从字符串中删除指定位置的字符。

插入（INS）——在字符串的指定位置添加字符。

长度（LEN）——如果字符串定义中不包含长度，则统计字符串中的字符数。

3.11.2 PID 指令

PID 或比例积分微分指令用于控制过程变量，例如流量、压力、温度或液位。

可以有多个参数进行控制。这些参数可以作为变量输入，如图 3-45 中的 ControlLogix 和 S7，也可以在一个特殊屏幕上进行设置，如图 3-45 中的 SLC。

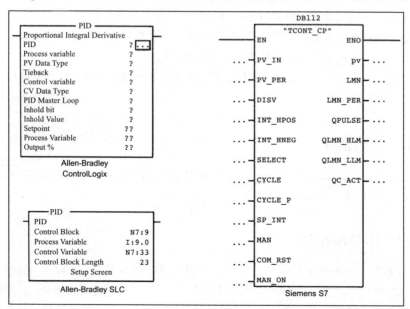

图 3-45 不同平台的 PID 指令

3.11.3　运动控制指令

较新的 PLC 平台可能使用多轴控制器来协调运动。与控制轴相关的命令很多，如：启动、停止、点动和方向，这仅是少数的几个。诸如速度、加速和减速等数值以及"定位"命令也是很常见的。

除了这些单独的轴指令外，还包括许多协调运动指令。

Allen-Bradley RSLogix5000 软件（ControlLogix 和 CompactLogix）包括 6 个文件夹，涉及了与运动控制有关的 43 条不同指令。这些指令可在梯形图中使用，有时在结构化文本或功能块中也有使用。

运动配置——4 条指令。与轴的整定及参数分配有关。

运动事件——6 条指令。与运动控制卡中的防护和解除防护事件有关。

运动组——4 条指令。与向多个轴同时发出命令有关。

运动移动——12 条指令。与向一个轴单独发出运动命令有关。

运动状态——8 条指令。与直接控制单个轴的运行状态有关。

多轴协调运动——9 条指令。与控制多个坐标轴的协调运动有关，如机器人技术。XYZ、XY、铰接和 SCARA 配置均可解决。

3.11.4　通信指令

通信指令用于访问端口以发送或接收数据。

西门子 S7 软件包含一系列用于以各种方式发送和接收数据的系统功能和系统功能块。这些是根据数据类型、通信类型以及在某些情况下所使用的协议进行选择的。

有许多系统块在 CPU 中是可用的，它们只需要在块上填写不同的参数即可作为例程调用。这些系统块中，大多数被分类为 COM_FUNC（通信功能）、DP（现场总线）、PROFInet，偶尔还有用于 ptp（西门子点对点或 RS422 协议）的 TEC_FUNC。

表 3-7 是西门子的通信中系统块和缩写列表。

表 3-7　通信中系统块与缩写列表

块编号	名字	类型	块编号	名字	类型
SFB8	USEND	COM_FUNC	SFB19	START	COM_FUNC
SFB9	URCV	COM_FUNC	SFB20	STOP	COM_FUNC
SFB12	BSEND	COM_FUNC	SFB21	RESUME	COM_FUNC
SFB13	BRCV	COM_FUNC	SFB22	STATUS	COM_FUNC
SFB14	GET	COM_FUNC	SFB23	USTATUS	COM_FUNC
SFB15	PUT	COM_FUNC	SFB31	NOTIFY8P	COM_FUNC
SFB16	PRINT	COM_FUNC	SFB33	ALARM	COM_FUNC

（续）

块编号	名字	类型	块编号	名字	类型
SFB34	ALARM8	COM_FUNC	SFC14	DPRD_DAT	DP
SFB35	ALARM8P	COM_FUNC	SFC15	DPWR_DAT	DP
SFB36	NOTIFY	COM_FUNC	SFC60	GD_SND	COM_FUNC
SFB37	AR SEND	COM_FUNC	SFC61	GD_RCV	COM_FUNC
SFB52	RDREC	DP	SFC62	CONTROL	COM_FUNC
SFB53	WRREC	DP	SFC65	X_SEND	COM_FUNC
SFB54	RALRM	DP	SFC66	X_RCV	COM_FUNC
SFB60	SEND_PTP	TEC_FUNC	SFC67	X_GET	COM_FUNC
SFB61	RCV_PTP	TEC_FUNC	SFC68	X_PUT	COM_FUNC
SFB62	RES_RCVB	TEC_FUNC	SFC69	X_ABORT	COM_FUNC
SFB73	RCVREC	DP	SFC72	I_GET	COM_FUNC
SFB74	PRVREC	DP	SFC73	I_PUT	COM_FUNC
SFB75	SALRM	DP	SFC74	I_ABORT	COM_FUNC
SFB104	IP_CONF	COM_FUNC	SFC87	C_DIAG	COM_FUNC
SFC7	DP_PRAL	DP	SFC99	WWW	COM_FUNC
SFC9	EN_MSG	COM_FUNC	SFC103	DP_TOPOL	DP
SFC10	DIS_MSG	COM_FUNC	SFC112	PN_IN	PROFInet
SFC11	DPSYC_FR	DP	SFC113	PN_OUT	PROFInet
SFC12	D_ACT_DP	DP	SFC114	PN_DP	PROFInet

Allen-Bradley 的消息传递通常由 MSG 指令处理。

该指令需要一个控制器级别指定的消息控制标签，在图 3-46 中显示为 EX_Ctrl。

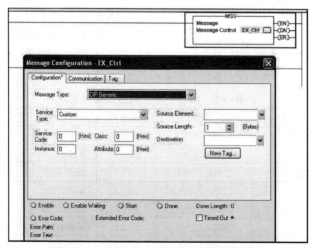

图 3-46　MSG 指令消息控制及消息配置

定义控制标签后，访问消息配置屏幕，并指定通信类型，理想情况下，还指定到远程设备的路径。

以太网、DH485、DH+ 和串行 DF1 连同 SERCOS 到运动控制设备的协议均可用。目标节点可以指定为 PLC2、PLC3、PLC5、SLC 和通用 CIP 设备。

还有一些 ASCII 串行端口指令可用于基本的读、写、信号交换和缓冲区控制。

Allen-Bradley ControlLogix 平台还提供了一种方法，可以将一个控制器中的标签与另一个控制器中的标签直接进行链接。这些被称为"生产者 – 消费者标签"。

3.11.5 程序控制指令

程序控制包括跳转到子程序或调用子程序，通过跳转指令或"MCR"指令禁用程序的某些部分，通过跳转指令或使用"For/Next"指令实现循环，或以其他方式更改程序流。下面是一些比较常见的程序控制指令：

跳转子程序 / 调用——这些指令将程序扫描指向子程序或函数的开头。在被调用子程序的末尾，程序流指向跳转或调用语句之后。

跳转 / 标记——这些指令将扫描指向到同一例程中的标记点。如果向前跳转，一些代码将无法执行。如果向后跳转，则区域内的代码将被一遍又一遍地反复执行（循环），直到执行另一个跳转为止，该跳转通常与一个计数器相关联，计数器中设定了要执行的循环数。

结束 / 临时结束——结束例程的扫描，不会扫描超过该点的代码。这通常是有条件的，由 BOOL 或其他逻辑控制。

For/Next、Do/While——类似于上面描述的循环，For/Next 指令通常设置为操作特定次数。Do/While 语句至少执行一次，并在满足定义的条件之前保持激活状态。这两个指令在结构化文本中最常见。如果用于梯形图，必须注意不要超过监视时钟。

主控继电器（MCR）——此指令成对使用。如果第一个指令为真，则程序正常运行。如果为假（未激活），MCR 区域内的物理输出将被取消激活。这对于锁定的输出是不正确的。MCR 指令不能代替硬件的 MCR。

3.11.6 其他指令

还有各种各样的其他指令可用，太多了，无法在此一一列出。每个制造商都有自己的指令集和不同的指令名称。

以下是一些通用的指令及其使用说明：

LIFO 和 FIFO 指令——LIFO 是"后进先出"（Last In, First Out）的缩略词，而 FIFO 表示"先进先出"（First In/First Out）。这些指令用于"栈"操作，"栈"可以

用两种不同的方式配置，如图 3-47 所示。

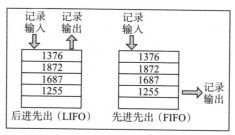

图 3-47　LIFO 和 FIFO 栈操作指令

第一种栈类似于餐厅里的盘子分发器。想象一下，在栈的底部有一个弹簧，当数据项被移除时，弹簧会把它们向上推，进入栈顶输入端并从栈顶删除。

第二种栈或 FIFO 允许数据项从一端输入，并从栈的底部移除。每个栈都有多个可用于操纵数据项的指令。主要指令是"加载"（将新的数据项或记录放进栈中）和"卸载"（删除记录或数据项）。

顺序器指令——顺序器有时称为"鼓形顺序器"，监控和控制可重复的操作。这些指令也使用栈，但栈中的数字被视为表示条件或驱动输出的二进制值。

顺序器输入（SQI）指令用于检测条件是否正确以索引顺序器。如果指定寄存器中的位模式与顺序器中的下一个位置匹配，则顺序器的位置值寄存器将递增 1。位模式通常表示物理输入状态。

顺序器输出（SQO）指令用于设置输出条件。这些也是由位模式表示，通常映射到物理输出。SQI 和 SQO 指令通常成对使用，SQI 指定索引 SQO 的条件，如图 3-48 所示。

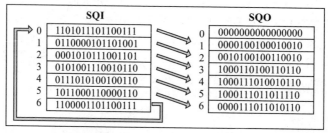

图 3-48　SQI 和 SQO 指令

顺序器加载（SQL）指令可用于将值（位模式）放入顺序器寄存器。这很像一个"教学"功能。指令查看寄存器，通常表示输入。当执行 SQL 时，模式被加载到栈的下一个位置。

顺序器比较（SQC）是另一个指令，有时用来索引顺序的位置号。

统计指令——在某些平台上有各种各样的指令来执行统计数学，例如标准差、移动均值和在指定时间段内找到最小信号和最大信号。

其他指令可用于安全功能、信号滤波、VFD（变频驱动器）控制、设备调相（状态编程）和许多其他方面。为了全面了解特定平台，最好阅读编程手册和帮助文件。请不要忘记，其中许多都需要使用除梯形图之外的语言！也可以通过使用 Add-On 指令或函数自行构建这些指令。

练习 11

1）三角函数有哪些应用？

2）使用附录中的表格对下列十六进制 ASCII 字符进行解码：

    47   6F   6F   64   20   4A   6F   62   21

3）程序中 JUMP（跳转）指令能用来实现向后移动吗？

4）首字母缩写"FIFO"和"LIFO"代表什么？

5）顺序器指令的目的是什么？

3.12 维护和故障排除

有许多工具和技术是所有 PLC 平台通用的，它们可以帮助技术人员找到问题的原因。使用这些工具时要记住的重要一点是，PLC 的程序不能在没有人改变它的情况下改变！程序不能改变自己，它们要么运行，要么不运行。

3.12.1 强制

确定输入或输出是否正常工作的一种方法是"强制"。强制对于输入来说，不是在输入模块上强制施加一个物理点，而是在输入点上施加电压使其通电工作。那么，当强制输入时强制了什么呢？强制的仅是输入列表。这意味着当强制时，与该点相关的触点或值仅在程序中发生变化，而输入点本身不会发生变化。

在图 3-49 示例中，即使触发信号显示为激活状态，防护门传感器也不允许减震电动机（BUFF_MOTOR）运行。对输入 2.2（IN 2.2）施加一个强制，电动机运行。这是对输入电信号的检查。以下几种可能会造成输入信号存在问题：传感器坏了、接线断了或者是接口本身的输入点坏了。在这些情况下，强制输入有助于查找问题。找到问题后，就可以移除强制并解决问题。不能用强制来掩盖问题！

在大多数 PLC 平台上，触点上会有某种描述表明输入或输出是强制的。通常在处理器上也有一个指示灯示意强制的存在。

强制输出与强制输入恰好相反。如果在输出点施加一个强制，物理输出将被激活，但输出映像表不会受到影响。

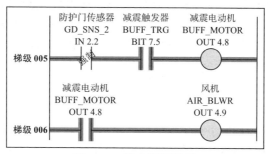

图 3-49　输入强制示例

图 3-50 中减震电动机通电的逻辑是不正确的，但是在输出施加了一个强制。物理输出启动，减震电动机运行。然而，请注意，风机通常在电动机运行时没有通电。这是因为映像表不受强制影响。事实上，强制线圈的逻辑是清晰的；如果到线圈为止的条件为真，那么映像表将被更新，风机线圈通电。

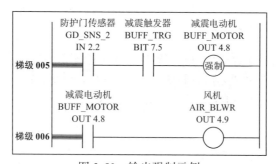

图 3-50　输出强制示例

大多数 PLC 中，只允许强制输入和输出，但是某些平台也允许强制内存。

安装和激活强制通常是一步操作过程。强制被安装在某个步骤中，然后作为一个单独的动作激活。这是因为如果执行不正确，强制会非常危险；你是在告诉 PLC 做一些非正常的操作，超出了它的编码范围。但不管怎样，在系统故障排除方面，强制是有帮助的。

图 3-51 显示了 Siemens S7 软件如何访问强制。在编辑器中，从 PLC 菜单打开一个强制列表。强制地址被输入到映像表中，然后被激活。

激活时，一个红色的 "F" 出现在地址中，表示正在使用一个强制。

Allen-Bradley 的软件中，单击右键程序中的一个地址就可以安装强制界面如图 3-52 所示。安装强制后，必须使用图 3-53 所示的对话框启用强制。

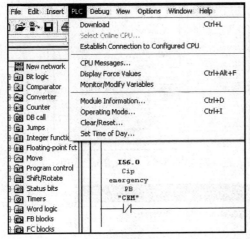 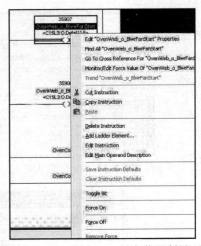

图 3-51 Siemens S7 中的强制选项 图 3-52 Allen-Bradley 的安装强制界面

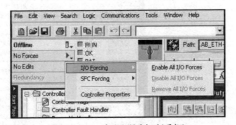

图 3-53 启用强制对话框

这两步操作过程确保程序员真正创建一个强制。

3.12.2 搜索和交叉引用

为了诊断机器中的问题，可能需要通过程序跟踪逻辑。有许多可用的工具来确定地址的位置，检查地址是否已被使用，以及用一个地址代替另一个地址。搜索还可以定位程序注释中的单词。

软件中通常有一个标签，允许各种"搜索"（search）或"转到"（Go To）选项，如图 3-54 和图 3-55 所示。右键单击程序中的某个地址也常常会弹出一个选项，允许找到该地址的其他实例。

当试图确定为什么输出没有被激活时，最有用的工具之一是交叉引用。交叉引用显示程序中地址被使用的所有位置。

通常，故障排除从查找地址的线圈开始。右键单击地址会弹出一个交叉引用或"查找所有"（Find All）选项，这将依次列出程序中所有使用过该地址的位置，如图 3-56 所示。

图 3-54　搜索菜单项

图 3-55　"Go To"选项

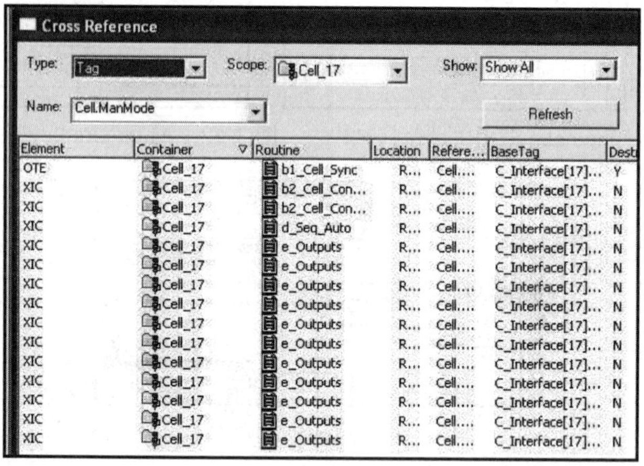

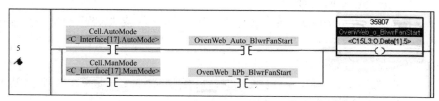

图 3-56　交叉引用窗口

　　选择线圈的位置会转到激活线圈（OTE）的梯级或网络。如果使用适当的编程技术，则对于任何地址，只有一个地方被定位放置线圈！

　　然后可以在梯级之间跟踪地址，直到最终找到问题的原因。

　　图 3-57 ～图 3-62 所示的梯级说明了跟踪输出失败的原因。

图 3-57　第 5 行梯级

　　图 3-57 所示梯级显示烘箱式风机（Oven Web Blower）输出（线圈）没有通电。但由于"AutoMode"触点通电，因此执行 OvenWeb_Auto_BlwrFanStart 交叉引用。

搜索线圈后显示图 3-58 所示的梯级。

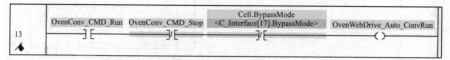

图 3-58　第 13 行梯级

这反过来又提示搜索者寻找 OvenWebDrive_Auto_ConvRun，如图 3-59 所示。

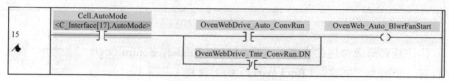

图 3-59　第 15 行梯级

接着出现了 OvenConv_CMD_Run，如图 3-60 所示。

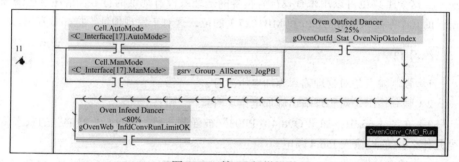

图 3-60　第 11 行梯级

接下来转到下一个地址，在图 3-61 中该地址并不是线圈。

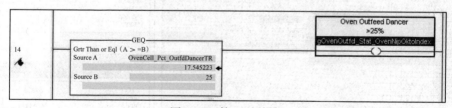

图 3-61　第 14 行梯级

图 3-62 所示梯级显示了一个物理地址 C15L3:2:1.Ch2InputData（一个模拟输入值）被移到要查找的变量中。交叉引用和搜索总是在物理输入点结束，或者在没有线圈的地址处结束，或者已被程序更改的地址处结束。最后一种可能意味着信号来自控制器外部，如 HMI、SCADA，甚至来自另一个 PLC。

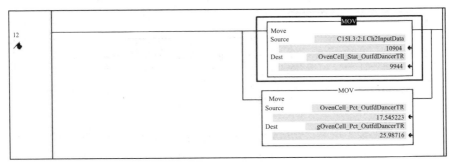

图 3-62　第 12 行梯级

你注意到梯级旁边的小旗子了吗？ Allen-Bradley ControlLogix 平台有一个名为"书签"（Bookmarks）的工具栏（见图 3-63），程序员可以在上面标记梯级，并对它进行索引。非常方便！

图 3-63　书签

西门子还提供了一个有用的工具，允许用户查看使用了哪些寄存器，如图 3-64 所示。这个工具也可以用来查找没有符号的地址或没有地址的符号。请注意已经分配了的几个字地址（MB1026 和 MB1027）的位，这对于发现地址干扰非常有用。

练习 12

1）强制输入是对物理输入施加电压。对：＿＿＿　错：＿＿＿

2）强制输出是对物理输出施加电压。对：＿＿＿　错：＿＿＿

3）在图 3-65 中，如果 Q98.4 "PP03" 被强制执行，Q98.5 "PP04" 的状态将会是什么？（假设输入 I56.4 断电。）

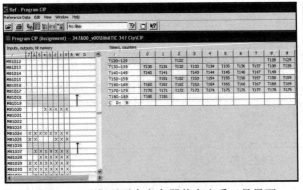

图 3-64　西门子平台寄存器状态查看工具界面

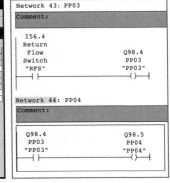

图 3-65　练习 12 问题 3 图

4）如果 Q98.4 上的强制被移除，I56.4 被强制，则 Q98.5 的状态会是什么？

5）通过程序跟踪信号，应该使用哪种类型的指令？

6）哪两种地址类型表示搜索或交叉引用结束？

第二部分

本书的第二部分涵盖了 PLC 使用的许多编程方法，包括程序组织、程序类型和完成控制任务的常用方法。

到目前为止，这本书主要讨论了在 PLC 编程中使用的指令，也提到了程序组织，但只是从不同视角讨论了如何将代码分成程序、函数、任务等。

编程是一门艺术。写代码的方法很多，但是那些在这个领域有知识背景的人可以非常漂亮地完成一个编写良好、组织良好的 PLC 程序。虽然有许多"正确"的方法来编写程序，但也有许多错误的方法。本部分将讨论工业中使用的一些不同的方法，并解释为什么要使用它们。

PLC 编程概述

4.1 预备知识

1. 机械控制与过程控制

在开始编程之前，有必要讨论使用 PLC 设备进行控制的两种方式。机械控制用于产品的装配，通常包括移动执行器。例如，气动和液压缸，伺服电机和传送带经常用于将产品或工具移动到特定的位置。如果这些执行器没有被正确地检测和排序，它们可能会对产品或机器本身造成损害。最终，物品被运输到离散的位置，通常是在执行器的行程末端，或者在使用伺服电机和传送带的情况下到达可变的位置。通常这些动作非常快，控制在毫秒级时间尺度上完成。编程机制的一个重要部分是这些动作的顺序，这在自动序列部分进行讨论，当运动没有正确完成时，检测和报告这些问题以便进行修改完善也是非常重要的，这将在故障和报警部分进行讨论。

过程控制通常包括对流体的处理和对变量的控制，如体积/液位、温度和压力。物体也可以被加热或冷却一段时间，过程控制通常能够让人手动控制系统的不同部分，而其他部分或过程则自动进行。过程控制的时间尺度通常比机械控制的时间尺度长得多，清空一罐产品可能需要几个小时。因此，过程控制通常比机械控制涉及更多的模拟输入/输出。

机械控制还可能包括过程控制的要素，例如控制烤箱或对产品施加压力，如机械压力机。这涉及模拟信号，通常来自指示位置或其他物理属性的传感器，以及控制驱动器或阀门位置的输出。

理解这两种控制方式对编程是很重要的。

本节涉及的内容并不直接适用于所有平台，尤其一些较旧的 PLC 设备。

2. 程序列表

启动 PLC 程序之前，需要了解设备或系统的功能。

微软的 Excel 是一个很好的工具，它可以创建一些你所需的列表。连接的外部设备或系统、I/O 和操作序列都是需要创建的列表示例。流程图通常用来直观地描述操作；这可以手工绘制，或者使用图形软件包（如微软的 Visio 或 AutoCAD）绘制。

以下是列表示例中的信息：

- I/O 分配表（标签名称和地址）；
- 警报或故障；
- 信息或警告；
- 与之通信的外部设备，如 HMI、机器视觉、机器人、测试仪；
- 接口协议和地址（串行、以太网、DeviceNet 等）；
- 站或单元的操作顺序；
- 硬件 / 零件清单。

3. 程序结构

尽管规则很重要，但是 PLC 编程并没有严格的、固定不变的规则，关键是要易于设备进行调试和故障排除。下面描述的程序结构是大型机器制造商常用的。

在收集了有关系统编程的信息之后，就可以开始程序结构的组织和布局了。有两种划分程序结构的方法，一是设备的物理区域，二是代码的类型。一台机器的小型机械部分或逻辑部分，如拾取和放置、传送带或转盘，被称为"站"。站可以被分进更大的组中。

过程控制项目通常被划分为功能区域，如槽或线。过程控制站通常可以手动独立操作。

区域可以用作站组的逻辑划分。所有机械操作的自动序列都可以放置在站组内。将机器划分成区域的主要原因是为了允许这些区域（或站组）自主地工作。通过这种方式，区域可以被视为独立的机器。每个区域通常都有自己的安全电路，例如，如果防护门打开，它只会关闭该区域内的一组站。随后，组内可能有被称为 Zone_1、Zone_2 等的例程，可能有输入、输出和故障例程，以及链接到分配给区域的所有站的例程。采集数据和生产资料也可以在区域级别进行汇总。一般来说，输入和输出只影响所有站组的安全或指示的 I/O。一个区域也可以仅控制区域内设备的 HMI，HMI 位映射也可以包含在区域程序和例程中。

　　如果一个平台允许每个程序都有自己的一组例程，那么每个站都可以有自己的程序，其中包含系统功能、输入、自动顺序、输出和故障或警报的标准化程序。图 4-1 显示了 Allen-Bradley RSLogix 5000 平台的一个例子。每个程序还包含程序的本地标签或地址。

　　图 4-1 中的程序和例程不一定反映调用例程的顺序。对于 Allen-Bradley 的平台来说，由于例程是按字母顺序出现的，所以程序员将 r01、r02 等作为程序名称的前缀。它们的组织方式反映了调用它们的顺序。

　　其他 PLC 平台可能不允许将例程分组在一起。图 4-2 显示了 Siemens S7 PLC 的一个列表模块和程序。

　　由于块和函数只能以数字和字母顺序显示，因此可以使用附加的交叉引用实用程序来显示调用函数（例程）的顺序以及数据块间的依存关系，如图 4-2 的右侧所示。

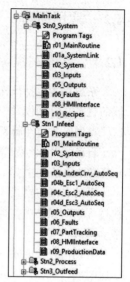

图 4-1　程序和例程

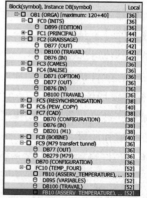

图 4-2　Siemens S7 组织结构和依存关系

　　Allen-Bradley RSLogix500 平台通过带有数字编号的 LAD 形式组织例程，如图 4-3 所示。与西门子的函数一样，程序员需要确保例程的调用顺序与所列出的顺序相同。这里没有用交叉引用实用程序来显示 RSLogix500 平台的调用结构。

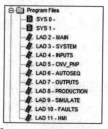

图 4-3　RSLogix500 组
织例程的形式

4.2　常用例程

4.2.1　系统例程

系统功能包括操作模式和机器状态模式。这些模式通常用来描述整个机器或区域的状态。自动模式、手动模式和自动循环模式是常见的模式。系统例程通常包含这些类型函数的控制逻辑，以及整个系统的"内务处理"。

自动模式：此模式是一种空闲状态，是将全自动机器置于自动循环运行的先决条件。它通常取消了通过按钮或开关来操作独立执行器的能力，而允许机器按顺序自动运动。

手动、维护模式：在自动功能之外，允许通过开关或按钮来驱动执行器和设备。在过程控制操作中，即使在自动控制其他设备或系统时，设备也往往能够分别置于手动模式。

自动循环：此模式是自动模式的一个子集。通常在警告信号发出时，按住按钮一段时间，机器进入自动循环状态。如果存在危险，该模式允许工作人员阻止操作员起动机器的操作。警告信号通常是脉冲或"哔哔"声。

其他需求也很常见，例如仅当机器位于起始位置或原点时才允许自动循环起动，仅当机器处于"自动循环"时才允许自动序列进行，仅当机器或序列处于特定的位置或条件时才允许循环停止。

机器的其他可选模式如下。

空循环：允许机器在没有任何零件的情况下自动循环运行，通常用于工厂验收测试（FAT）或现场验收测试（SAT）期间"锻炼"机器。

单循环：允许机器在自动模式下一次加工一个零件，或在手动模式下运行自动序列，如拾取和放置。

单步：允许自动序列一次运行一步，通常仅用于调试。除了模式控制启用／禁用外，还需要一个单步按钮。

清除或退出：允许机器清空而无须将新零件带入系统，通常在更换产品期间使用。

归位：允许执行器自动返回至其起始位置或原始位置，可以根据喜好在自动或手动模式下完成，通常使用序列来确保执行器按正确的顺序移动。有关编写代码请参见 4.2.5 节。

图 4-4 显示了在系统例程中更改模式的一些条件。图中执行器的归位是在自动模式下完成的，因此在自动循环或归位时，无法将机器置于手动模式。

图 4-5 中，使用定时器将机器起动延迟 3s。通常，操作员按下按钮时会发出声音警报，警告工作人员机器即将起动。这使操作员有机会从按钮上移开手指，并在必要时中止起动。

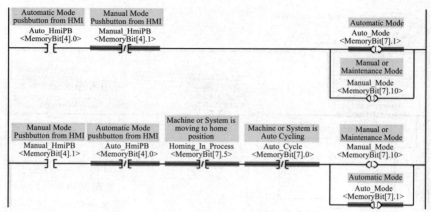

图 4-4　自动模式下的归位

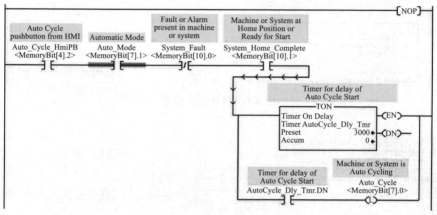

图 4-5　自动循环

自动循环用于允许机器自动加工部件或材料，它通常会一直进行，直到发生故障或操作员停止加工为止。

图 4-6 显示了操作员让系统停止的逻辑。如果系统或机器未处于正确的状态或停止位置，它将继续进行自动循环，直到满足所需的条件或位置为止；这要求一个"请求停止"位被锁存，以便系统能够记住该请求。在此示例中，系统中的一个故障将立即使机器停止。

空循环通常由机器制造商在机器径流条件下使用，但是逻辑可以留在程序中供用户使用。空循环背后的思想是机器可以连续运行而无须部件来"锻炼"其执行器。图 4-7 中的逻辑包含一个切换按钮，该按钮将使机器进入"空循环"模式，并通过一个单按钮将其退出"空循环"模式。

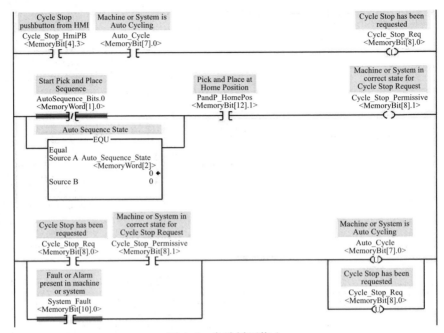

图 4-6   自动循环停止

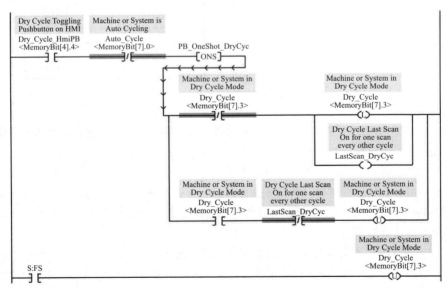

图 4-7   空循环

图 4-8 中的逻辑类似于空循环模式控制，它使用一个单按钮完成进入和退出

单步模式的切换。附加逻辑用于创建一个位，放置在自动序列中，以手动步进序列。

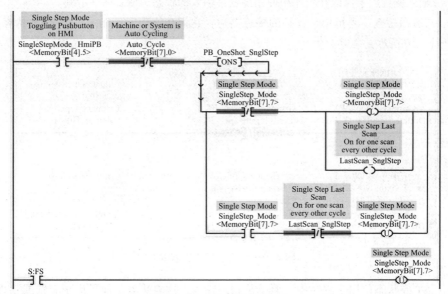

图 4-8　单步模式控制

图 4-9 显示了实际自动例程运行中所用信号是如何操作的。当不在单步模式时，单步（SingleStep）位始终为 on 状态，并且逻辑正常执行序列。当单步模式处于激活状态时，如果满足序列步骤中的其他条件，则使用一个按钮移至下一步。

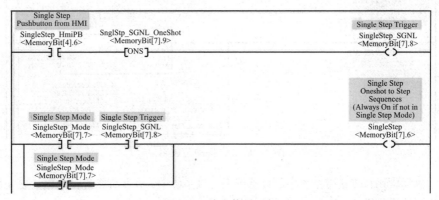

图 4-9　单步信号逻辑

对于"空循环"和"单步"模式，必须全面了解序列的运行方式。通读"自动序列例程"说明，然后返回此逻辑。

4.2.2 输入例程

输入例程用于修改在程序中使用的物理输入的状态。请看如下示例。

"返回检查"逻辑用于互补的传感器对，它们在物理上不能同时处于 on 状态，如图 4-10 所示。

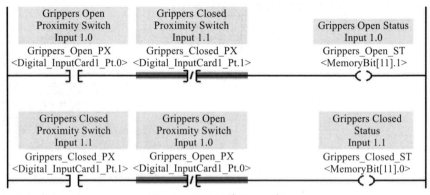

图 4-10 "返回检查"逻辑

ST 或状态位用于程序中，而不是物理输入。这意味着，如果由于布线或物理错误而接收到不正确的信号，逻辑将不会做出反应。

"去抖动"逻辑可用于忽略间歇性的意外信号，也可以用于延迟信号，以确保部件在做出反应之前就位，如图 4-11 所示。

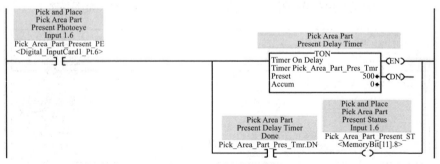

图 4-11 "去抖动"逻辑

这通常用在传送带系统中的传感器上，该系统中，在零件被推动之前，它先被传送到挡块位置。

在一个例程中列出输入和状态，还可以方便定位它们，以便进行监视或将它们复制到其他梯级中。

映射

I/O 端子的映射通常是为了使 PLC 与外部系统连接起来，如图 4-12 所示。代表复杂系统（如机器人、变频器）和机器视觉的文件，通常作为硬件配置的一部分导入。为了将设备添加到 PLC 硬件中，须将诸如 .eds（Allen-Bradley 的电子数据表）或 .gsd（Siemens 的通用站说明）之类的文件导入到软件中。这是一个文本文件，其中定义了设备的输入和输出参数及其数据类型。尽管在某些 PLC 中，此操作会自动创建一个包含设备 I/O 端子的标签，但有时需要创建一个 UDT，或者需要将每个 I/O 端子映射到 PLC 地址。

映射也适用于以不同数字为基础进行通信的设备之间的接口，例如 Siemens（基于字节）和 Allen-Bradley（16 或 32 位）。Modbus 通信通常也需要映射。

输出例程通常还包含映射逻辑，就像 HMI 接口例程一样，如图 4-13 所示。当 "HMI 字" 结构用于单个指示器时，通常会映射 HMI 指示器位。HMI 也可能有一个必须映射到 PLC 地址的内部变量列表。

故障触发器也通常被映射到 HMI 警报和消息的字位中。

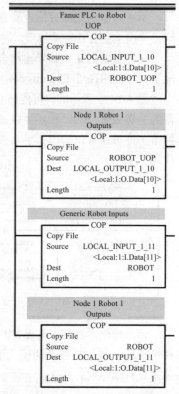

图 4-12　机器人字映射

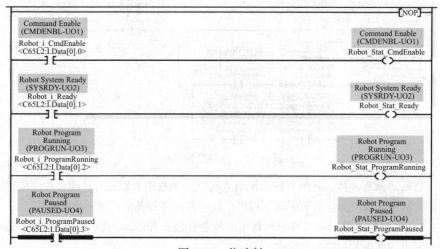

图 4-13　位映射

4.2.3 输出例程

由于特定的线圈只能放置在程序中一个位置上，那么就要将物理输出的所有不同操作模式组合在一个位置。

同样重要的是，如果输出会造成设备损坏，则要确保它们不被激活。在危险情况下，可使用许可（Permissive）逻辑来防止输出激活。

图 4-14 中所示的许可能防止夹持器（gripper）打开，除非夹持器位于 X 轴执行器的一端或另一端。它还可以确保部件不会在升高夹持器时由于夹持器意外开启而掉落。许可通常仅适用于手动模式，因为自动功能具有防止行为发生在错误位置的代码。

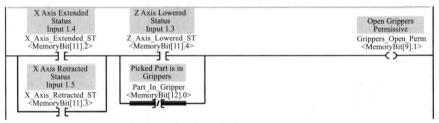

图 4-14　许可逻辑

输出梯级本身将所有模式的命令与许可合并到一个位置，如图 4-15 所示。在这种情况下，置位是在手动模式下完成的。自动模式命令位通常在其所在的例程中，并来自自动序列。

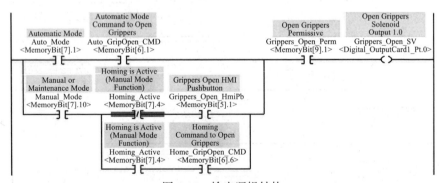

图 4-15　输出逻辑结构

与输入例程一样，将所有输出梯级放在一个例程中可以很容易地在程序中定位它们。输入和输出都应按数字顺序列出，以便程序员和维护人员可快速查找。

I/O 的整定函数、输出映射函数也应放置在输入和输出例程中。HMI 指示器映射有时也放在输入和输出例程中。

4.2.4 故障和报警例程

与 I/O 例程一样，故障和报警通常放置在它们自己的例程中，便于定位。故障和报警类型很多，严重性级别也不同。故障可能会关闭整个机器或系统，或仅使其中一部分失效。请注意，在图 4-15 中使用的输出逻辑结构中，使用了自动模式（Auto Mode）位而不是自动循环（Auto Cycle）位。这意味着，如果重置了自动循环，执行器仍将保持通电状态。但是，自动序列不会进行。

报警也会显示在 HMI 或 SCADA 屏幕上。HMI 或 SCADA 软件中有一些实用程序，可以对故障（报警历史记录，Alarm History）进行存档，并确认故障，从而可以在不清除故障条件的情况下关闭报警。创建故障逻辑时，必须考虑到这一点。

图 4-16 所示的典型故障逻辑有以下用途。

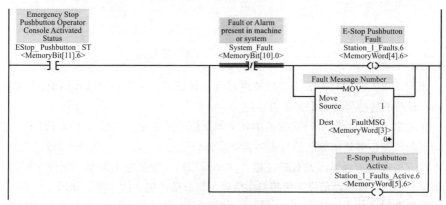

图 4-16　典型故障逻辑

1）锁存或设置站 1 故障（Station 1 Faults）寄存器中的位。即使将按钮重置，故障仍会保留。

2）将一个数字移到故障消息寄存器中，可在 HMI 或 SCADA 系统中显示消息。站 1 故障激活（Station 1 Faults Active）寄存器用于指示故障原因是否已排除。如果站 1 故障寄存器中的任何位被置位，则该数字将为非零。这用于激活系统故障位，该位在程序的许多不同位置使用。请注意，在该逻辑中，一旦系统故障位为真，那么将其放置在每个故障梯级中，可以防止任何新故障被锁定。

要特别注意保留可能导致一系列故障的原始原因。例如，当一个气缸在某个操作时卡住，将锁定故障，这时如果有人打开门或按下紧急停止按钮来解决安全问题，则不会造成新的故障或移动消息。如果气缸故障排除后重置，按下急停按钮或打开门后将出现新的故障。

一个常见的故障是在输出为 on 时激活定时器，并在相应的传感器运行时停止定时器，如图 4-17 所示。

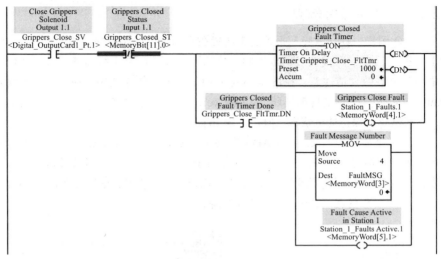

图 4-17　夹持传感器与执行器故障

使用"输入例程"部分中提到的返回检查状态位，而非实际输入地址，可以对关闭和打开的传感器进行故障检查。

如果常闭系统故障位与定时器串联，如急停故障所示，激活位不能用于检查故障的当前状态，但是清除故障后定时器将重新启动。

过程控制故障通常涉及比较逻辑，如果模拟输入变量超出限制，则该比较逻辑会锁定一个位，直到该值降至警报极限值以下，故障才能再次重置，如图 4-18 所示。

故障和警报通常具有与之相关的声音警报，以提醒操作员注意该情况，从而防止输出设备通电及可能损坏设备。操作员可以通过在 HMI 或 SCADA 屏幕上进行确认来关闭警报。

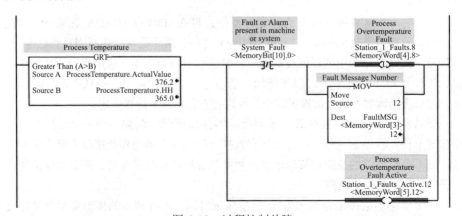

图 4-18　过程控制故障

图 4-19 表明，如果存在故障，则安全阀门（Relief Value）无法向燃烧炉（burner）提供气体。自动控制位有效，但燃烧炉不工作。

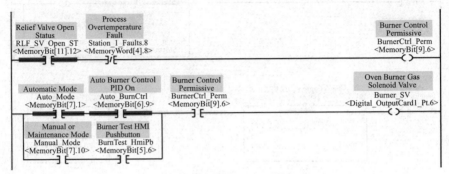

图 4-19　燃烧炉控制与许可

通过将图 4-20 中的位作为一组与零进行比较来总结故障和警报的总体状态。故障通常也经常按站分组，因此，如果机器系统的某个部分需要继续运行，那么它可以与另一部分分开单独成组。

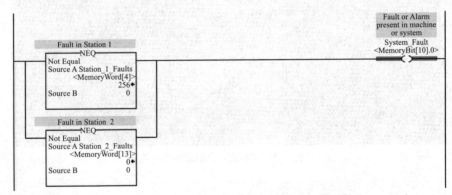

图 4-20　故障状态逻辑

可以根据故障和警报的活动状态分别对它们进行重置，也可以根据站的条件作为一组重置，如图 4-21 所示。程序员必须对重置故障和警报的影响进行详细分析。

故障重置后，也可以将零移入 FaultMSG 寄存器中。消息寄存器将显示一条诸如"系统中无故障"之类的消息。如果系统或机器中存在多个故障，则可以使用滚动消息显示或警报历史记录屏幕，如图 4-22 所示。

HMI 或 SCADA 软件中提供了许多警报管理工具。故障或警报程序的主要目的是将事件及其当前状态提供给操作员界面。

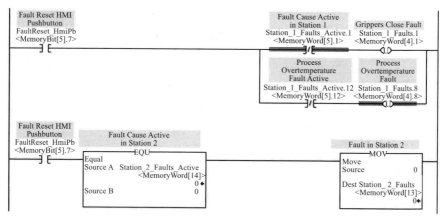

图 4-21　故障重置方法

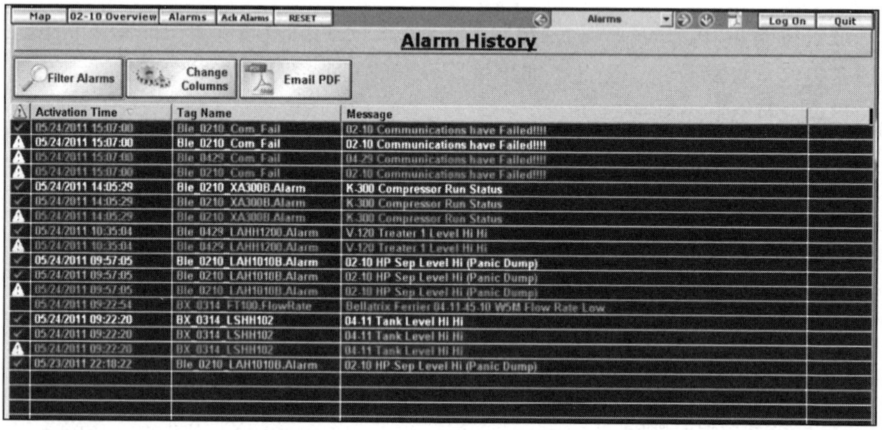

图 4-22　警报历史记录屏幕

4.2.5　自动序列例程

自动序列例程是自动化控制系统的核心例程。与其他类型的例程相比，它需要更多的规划和分析，并且有多种编程方法。本节介绍其中的两种。

一种方法是位序列，它很容易理解和实施，适合初学者使用。

根据传感器或其他条件来设置或锁存位，如图 4-23 所示。在自动循环或自动模式下，当该位为 on 时，另一个自动输出位激活输出。一旦另一个输入或状态条件被激活（通常是由于输出在上一步或事件中被激活），则该步被解锁或重置，而在下一步被锁定。

本示例中，自动输出（Auto Output）位被用在输出例程部分中的 CMD 或命令位的位置。

程序员经常在自动模式下锁存位和解锁位以控制输出，而没有意识到他们实际上是在写一个序列。如果不使用事件列表或流程图来提前规划序列，序列将变得非常混乱。请注意，本示例中，每个输出控件仅在一个步骤中通电，但可以通过添加条件轻松进行修改。

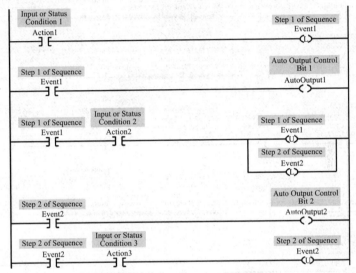

图 4-23 自动位锁定序列概念

图 4-23 中的示例是"位序列"的简化版本。如果使用一个字或双字位，则更容易控制和遵循序列。

图 4-24 的示例中，当光电监测器检测到一个零件时，它会启动执行器，将该零件推离传送带。请注意，序列位都在同一个存储字中，因此可以在末尾使用 MOVE 命令解锁所有位。前面的位不会像图 4-23 那样在每一步解锁，相反，它们是按序列置位或锁存，然后在序列结束时被清除。

在每个梯级中使用自动循环位可以确保在故障解除锁定位时序列不会继续进行。通过放置下一步位的常闭触点，序列将不会评估前面步骤的逻辑。这样操作与字序列类似。

通常在序列本身之后汇总输出例程中使用的控制位。这便于对序列的故障排除，并且通过不分离步骤提高了"可读性"。

因为位序列可能一次处于多个步骤或多个状态，可能有些混乱。这既是优点，也是缺点。这个特点可以在锁存其他位的同时重置序列中的部分位。特别注意要完整地记录这种类型的序列，并对这些步骤进行说明。位序列汇总如图 4-25 所示。

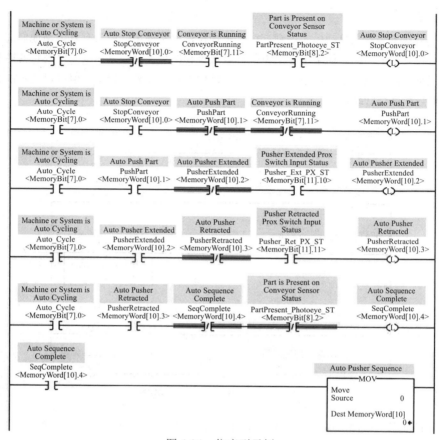

图 4-24   位序列示例

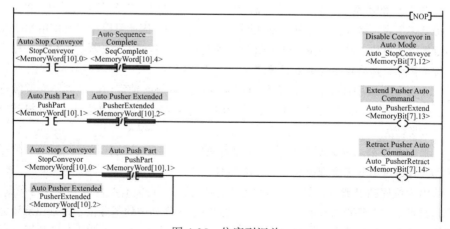

图 4-25   位序列汇总

另一种写序列的常用方法是字序列，即将值移到整数寄存器中。

图 4-26 ～图 4-31 中的"抓取＋放下"（Pick and Place）逻辑显示了序列是如何进行的。数字不在锁存位，而是被移到定义当前状态的寄存器中。

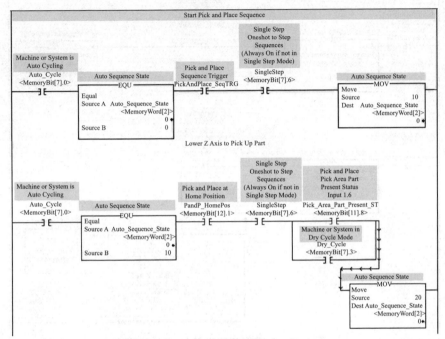

图 4-26 自动序列的步骤 10 和步骤 20

此序列还显示了单步和空循环模式的使用。单步模式允许操作员一次一步地执行序列，而空循环模式则允许序列在没有零件的情况下运行。

再有，如果机器出现故障，系统将退出自动循环而不会进行下一步。除非故障被清除并回到自动循环或归位，否则它将保持当前状态。

请注意，在图 4-27 所示的步骤 30 中，设置了一个位，以验证零件已被移除，并且已被夹持在夹持器中。在确定是否可以在归位例程或零件跟踪期间打开夹持器时，这一点很重要。

夹持传感器有时也会这样使用：如果零件存在，则夹持器不会一直关闭，传感器保持 on 状态；如果零件不存在，则夹持器从传感器前面通过，回到初始位置，准备新的验证工作。正因如此，夹持器传感器通常使用"去抖动"计时器。

图 4-28 中的步骤 50 确保零件尚未出现在零件被放置的位置。这可以作为放下零件的许可。如果那里已经有零件，则序列将等待进入到步骤 60，直到零件被移除。这是通过此序列之外的操作完成的。通常编写多个序列来操作可能需要相互连

接的机器执行器。

不需要使用空循环模式位来旁路"零件存在"传感器，因为零件不会在那里。

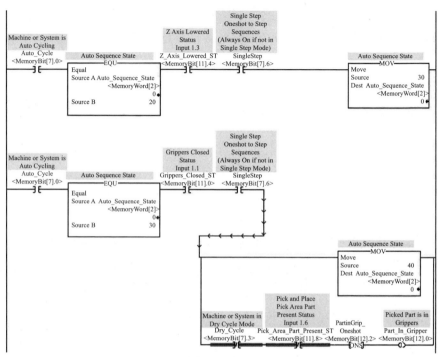

图 4-27　自动序列的步骤 30 和步骤 40

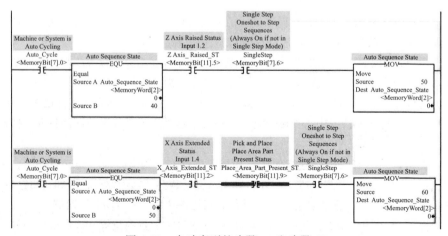

图 4-28　自动序列的步骤 50 和步骤 60

　　与步骤 30 一样，存储位（memory bit）用于确定零件是否仍在夹持器中如图 4-29
所示。一旦零件被放下，在步骤 60 中将该位解锁。

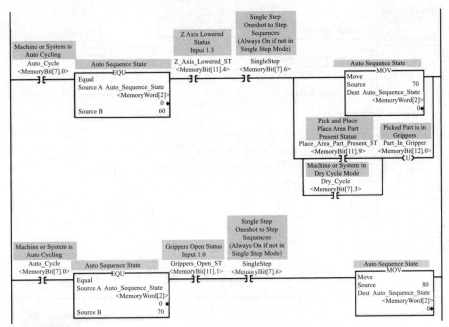

图 4-29　自动序列的步骤 70 和步骤 80

　　在空循环模式下，"零件存在"传感器将被旁路并忽略。

　　该序列以"抓取 + 放下"装置返回到原始位置而结束，如图 4-30 所示。序列
完成位被锁定，并可以作为其他操作或序列的触发。

　　与位序列一样，汇总位通常在序列之后列出，然后用于驱动输出例程中的输
出。字序列汇总示例如图 4-31 所示。

　　字序列与位序列在某些方面有所不同。在字序列中，任何时候都只有一个操作
状态处于活动状态。通过以 10 步甚至 100 步的序列进行排序，可以将备用状态构
建到序列中。

　　在位序列中，状态或步骤可以单独命名，但是机器可以在任何给定时间锁定或
解锁任意数量的位。这可以使它们更灵活，但更难遵循逻辑和调试。

　　与字序列类似的是状态机。有时会将模式和序列的步骤组合起来，它们不仅描
述操作步骤，而且还描述诸如启动、已启动、中止、已中止、停止、已停止和故障
等条件。可以为这些状态分配数字范围，例如：5000 ～ 6000 表示自动循环状态，
9000 表示故障状态，小于 1000 表示启动和初始化。使用此技术的大型制造商拥有
几种模板。这也是机器人控制的一种常用方法。

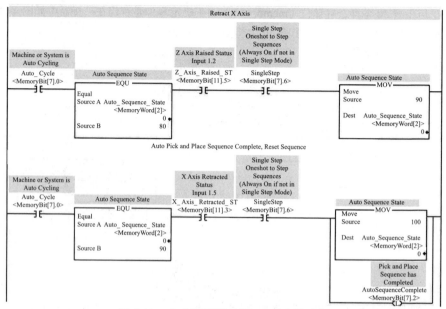

图 4-30　自动序列的步骤 90 和步骤 100

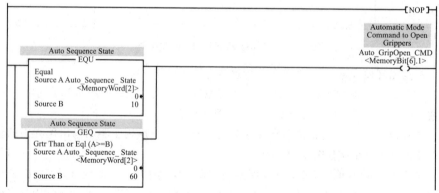

图 4-31　字序列汇总示例

4.2.6　归位例程

　　归位用于确保将执行器和机器的状态恢复到已知且恰当的起始位置。通常，当机器处于自动循环状态并且发生故障情况时，操作员可能需要手动移动执行器或移除加工中的零件。这意味着自动序列不再处于继续执行的正确状态。在这种情况下，必须考虑以下几点。

1）必须检测出位置不正确或零件缺失情况。对于执行器，这可以通过确定给定序列步骤或状态的正确位模式并与实际输入状态进行比较来实现，所需传感器位置不匹配的情况如图 4-32 所示。另一种方法是检查机器是否处于手动模式，或者在自动序列处于活动状态时是否使用按钮进行手动操作。

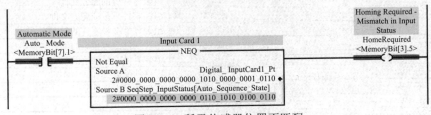

图 4-32　所需传感器位置不匹配

2）受影响的自动序列必须中止或恢复到正确的状态，通常为零。

3）程序员需要确定是在自动模式、手动模式还是同时在两种模式下进行归位操作，或者是否需要定义一个全新的归位模式。

4）需要编写一个归位序列。这使用了先前在自动序列中描述的相同技术。执行器应按顺序移动，并将其返回到恰当的位置，以免损坏设备。例如，在前面的"抓取 + 放置"序列中，必须在返回 X 轴之前将 Z 轴抬起。如果夹持器中有零件，则要确定操作员是否必须手动移除零件，或者是否可以安全地将零件放置在抓取位置或放置位置。

归位序列的每一位都和自动序列一样复杂和必要。机器的停机通常是因为操作员无法诊断系统不能继续运行的原因，这也与诊断信息不足有关。

4.2.7　配方

配方（recipe）并不是指大多数人认为的厨房里的原料清单。此处配方包含机器状态、定时器设置值、确定零件是否需要在站中加工的位，当然，还有进行加工的过程值。

图 4-33 显示了使用 UDT（用户定义的数据类型）描述零件的 8 种配方数组。该零件还用于零件跟踪例程中。

配方信息包括配方本身的名称，在本例中，配方名称也是以 STRING 格式表示装配零件的零件编号。它还包括以 DINT 形式表示的子组件的十进制零件编号、以实数（REAL）形式表示的目标扭矩，以及与生产线中多个装配站的近似目标重量相对应的实数数组。零件颜色用整数（INT）表示，用字节或 SINT 以位形式跟踪组件的存在。

⊟ Recipes	udt_Recipe[8]	配方
⊞ Recipes[0]	udt_Recipe	零件的配方文件
⊟ Recipes[1]	udt_Recipe	零件的配方文件
⊞ Recipes[1].Name	STRING	零件配方名称的配方文件
⊞ Recipes[1].C1_PartNbr	DINT	零件编号的配方文件
⊞ Recipes[1].Component	SINT	组装零件位的配方文件
⊞ Recipes[1].Weight	REAL[8]	组装零件重量的配方文件
⊞ Recipes[1].C2_PartNbr	DINT	组装零件 2 号零件的配方文件
─Recipes[1].C3_Torque	REAL	组装零件 3 号扭矩的配方文件
⊞ Recipes[1].C6_Color	INT	组装零件 6 号颜色的配方文件
⊞ Recipes[2]	udt_Recipe	零件的配方文件
⊞ Recipes[3]	udt_Recipe	零件的配方文件
⊞ Recipes[4]	udt_Recipe	零件的配方文件
⊞ Recipes[5]	udt_Recipe	零件的配方文件

图 4-33　使用 UDT 的零件配方数组

图 4-34 中的逻辑是：使用一个名为 RecipeSelPtr 的指针来指明将哪个配方文件
移动到 RecipeCurrent 中，然后在其他例程的生产逻辑中使用该指针。这是一个间接
寻址的示例。当按下 HMI 按钮时，所选配方将被移动。选择是 HMI 屏幕上的整数
数字输入字段，可通过数字编号辨识配方。HMI 上相应的 ASCII 字段显示 Recipe [ ].
Name。名称字段用于验证配方选择。

图 4-34　配方选择逻辑

如果需要通过 HMI 更改或编辑配方，则可以使用图 4-35 中的逻辑。

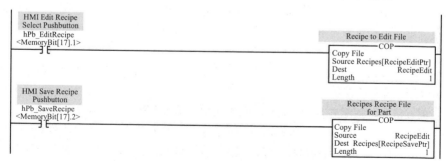

图 4-35　配方编辑与保存逻辑

RecipeEdit 标记是 Recipe UDT 的另一个实例。HMI 上的输入字段与配方中的

每个项目相对应。更改完成后，保存配方（Save Recipe）按钮将已编辑的配方移到配方保存指针（RecipeSavePtr）指定的配方编号中。

在大多数 PLC 平台中，超出数组尺寸限制的数字输入指针将导致处理器出现故障。图 4-36 中的逻辑阻止了这种情况的发生。

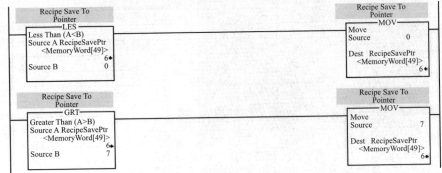

图 4-36 确保指针在限制范围内

许多 HMI 和 SCADA 平台都在其软件中内置了配方管理实用程序。配方参数和文件通常也是由逗号分隔的 .csv 文件，可以使用外部程序包（例如 Microsoft Excel）进行编辑。这种简单的配方管理方法适用于更简单的 HMI。对于不具有 UDT 或数组功能的 PLC，需要在单个寄存器的基础上进行移动。

4.2.8 零件追踪

对于在装配操作中处理分立零件的机器，要注意仔细记录与零件相关的数据，并确保数据通过系统跟随零件。并非总是可以使用条形码或其他识别系统在每个工位读取零件，因此，当零件从一个站进入到另一个站时，可以使用各种技术来移动数据。

当零件在装配过程中移动时，数组中的信息不仅需要从一个站移动到另一个站，还需要在每个站进行修改。当托盘称重时，每个站的重量变量（Weight）都在更新；此信息用于确保添加了正确的组件。随着组件的添加，组件位被设置在相应的站上。第 1 个站的条形码读取器获得 PartCode 变量，该变量与配方中的零件号相对应。OK 和 NG 位在每个检验站进行更新；如果触发了 NG 位，则该零件将在第 5 站和第 9 站被拒收。故障原因可以编码到故障码 FailCode 字节（SINT）中。

UDT 的 InProc 和 Complete 元素用于确定零件移动时间。本示例通过简单的 10 位装配线来说明零件追踪的一些概念。站名和功能在图 4-37 中列出。

当每个零件进入站时，在相应文件中设置 InProc 位，以此说明托盘上是否存在零件。将不在处理中的站看作是空闲的，站状态汇总如图 4-38 所示。当该站上的操作完成时，设置 Complete 位，表明可以对该行进行索引。

StationPart	udt_Part[10]	说明
StationPart[0]	udt_Part	加载 站 1
StationPart[1]	udt_Part	装配 站 2
StationPart[2]	udt_Part	扭矩 站 3
StationPart[2].Weight	REAL	扭矩 站 3 组件重量
StationPart[2].Component	SINT	扭矩 站 3 组件安装位
StationPart[2].PartNbr	DINT	扭矩 站 3 零件编号
StationPart[2].PartCode	STRING	扭矩 站 3 条形码
StationPart[2].FailCode	SINT	扭矩 站 3 故障码字节
StationPart[2].Station	DINT	扭矩 站 3 工位完成
StationPart[2].OK	BOOL	扭矩 站 3 零件 OK 检验通过
StationPart[2].NG	BOOL	扭矩 站 3 零件 NG 检验失败
StationPart[2].InProc	BOOL	扭矩 站 3 零件组装中
StationPart[2].Complete	BOOL	扭矩 站 3 零件完成
StationPart[3]	udt_Part	扭矩 测试站 4
StationPart[4]	udt_Part	配方 站 5
StationPart[5]	udt_Part	组装 站 6
StationPart[6]	udt_Part	垫片 站 7
StationPart[7]	udt_Part	检验 站 8
StationPart[8]	udt_Part	配方 站 9
StationPart[9]	udt_Part	卸载 站 10

图 4-37　使用 UDT 的零件信息数组

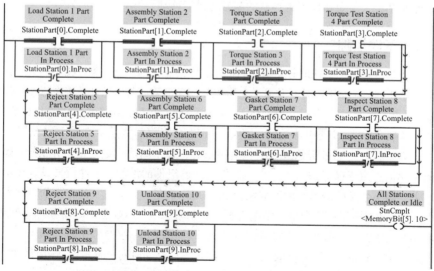

图 4-38　使用零件状态元素的站状态汇总

　　当所有产品的状态都正确，而且机械工具处于正确位置（Index_Perm）时，索引触发器启动托盘移动序列，触发逻辑如图 4-39 所示。

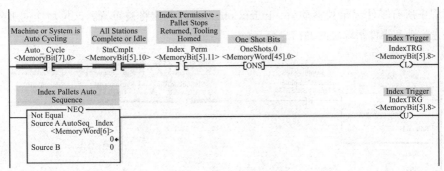

图 4-39　索引触发逻辑

索引序列本身类似于本书中讨论的其他字序列。图 4-40 中的步骤 10 用于告诉伺服型托盘分度器开始移动。在运动开始后，序列移动到步骤 20，信号移至伺服机。当运动完成时，序列移动到步骤 30（见图 4-41）。此时，需要设置 IndexComplete 标志位。此位用于记录零件移动。

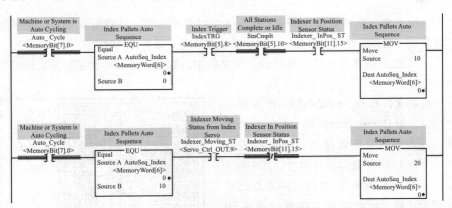

图 4-40　托盘索引序列步骤 10 和步骤 20

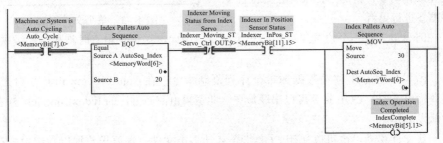

图 4-41　索引序列步骤 30 和索引完成信号

移动结束还重置了零件记录中的所有零件完成位，如图 4-42 所示。在零件跟踪例程中所有零件记录被移动后，IndexComplete 标志位将被重置。该位用作伺服分度盘运动和零件跟踪之间的信息交互。

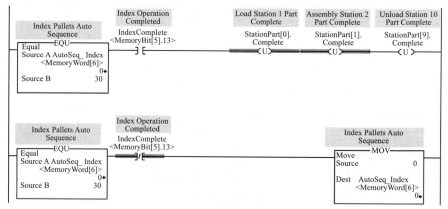

图 4-42　索引序列完成并对接零件跟踪程序接口

如配方和数据移动部分所述，并非每个 PLC 平台都支持数组或 UDT。数字和其他数据一次需要处理一个元素，这使得数据移动变得更加费时。

一些 PLC 品牌仅允许一次移动一个文件中的数据文件，一些品牌则允许"块移动"。

级联文件移动：如果必须一次移动一个文件，则必须先移动最后一个零件的记录，以免最新数据被覆盖。图 4-43 显示了一个由 10 个元素组成的数组，其中第 9 条记录移到数组的第 10 位，第 8 条记录移到第 9 位，依此类推。在最后或第 10 次连续移动中，新的空记录被移到位置 1，并准备进行更新。

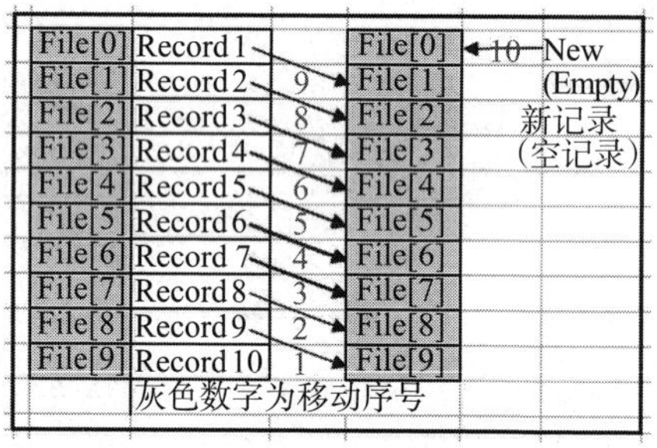

图 4-43　单个文件移动

因为记录从一个位置级联到另一个位置，因此，这种逻辑有时被称为"级联"逻辑。

图 4-44 显示了移动数据的单个序列复制指令。在 ControlLogix PLC 平台上，这些输出类型的 COP 指令可以串联放置。此逻辑由前面讨论的 IndexComplete 标志位触发。

块文件移动：也可以使用 COP 指令移动多个文件。这要求数据以数组形式存储，并且还需要一个额外的"虚拟"数组，其大小与 StationPart 数组相同。

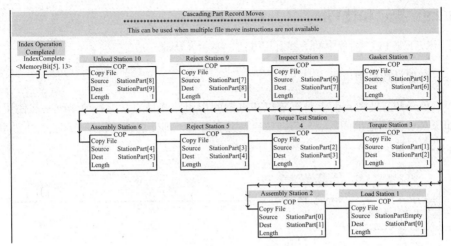

图 4-44　级联序列记录移动

在图 4-45 中，第一个操作将第 1 ～第 9 条记录移动到虚拟数组中的位置 2 ～ 10。这是因为文件无法在块类型移动时覆盖它们自己。

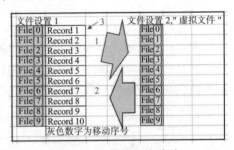

第二个操作将虚拟数组位置 2 ～ 10 中的记录移回原始数组中位置 2 ～ 10。

第三个操作将新的空文件移到记录位置 1，准备更新该空文件。

图 4-45　数据的块移动

图 4-46 显示了同时移动多个文件的 COP 指令。Allen-Bradley ControlLogix PLC 还有一条同步复制指令（CPS），以确保数据在移动过程中不会改变。如果需要处理大量的文件或数组元素，则首选此块移动方法，尽管它确实需要更多的内存来处理附加的"虚拟"数组。

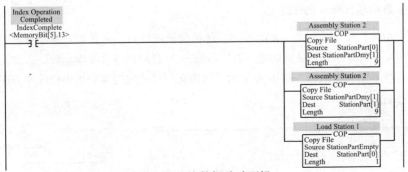

图 4-46　块数据移动逻辑

4.2.9　提示和技巧

以下是 PLC 编程中的一些有用方法。

1. 保持或自锁电路

该逻辑（见图 4-47）具有置位和重置的作用，并且通常与各种修改一起使用。如果 Run 线圈地址的触点与启动按钮是并联逻辑，即使启动按钮没有闭合，电路状态也会保持。

图 4-47　保持或自锁电路

2. 切换按钮

图 4-48 用于模拟保持或"凸轮"按钮。当按下瞬时按钮（Momentary Pushbutton）时，它会设置切换（Toggle）位。如果再次按下该按钮，切换位重置。这可以使用较少的指令在其他 PLC 语言中完成，因为它本质上是一条逻辑异或（XOR）指令。

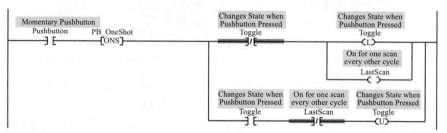

图 4-48　切换按钮

3. 自由运行模式定时器

自由运行模式定时器（见图 4-49）计数到设定值后自行重置。累加器的值可以在许多应用程序中使用（例如创建斜坡函数），并且用到各种数学函数。累加器的位可使灯按不同频率闪烁。图 4-50 展示了自由运行模式定时器产生半秒脉冲的逻辑。

图 4-49　自由运行模式（重复）定时器

图 4-50　自由运行模式定时器产生半秒脉冲

4. 闪烁定时器

如图 4-51 所示，当需要特定宽度的脉冲时，可以使用一对闪烁定时器。仅使用第一个定时器（Blink ON Pulse Timer）的完成位作为第二个定时器的触发信号，第二个定时器（Blink Off Timer）的完成位产生一个单触发。

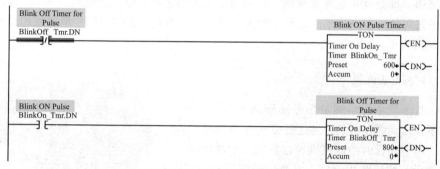

图 4-51　闪烁定时器逻辑

5. 累加器和累减器

可以将一个数字加到寄存器中，然后将结果放回自身寄存器中，如图 4-52 所示。这些梯级就像一个可逆计数器。某些 PLC 平台有一定的局限性，例如最大设定值较小，完成位的变化状态是在零处而不是在设定值处，或者使用 BCD 代替十进制数。这个逻辑允许程序员创建自己的计数器。

若要创建完成位，请对该值使用大于或等于指令；若要重置计数器，请将该值设为零。

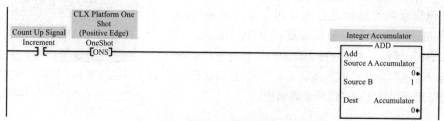

图 4-52　累加与累减逻辑

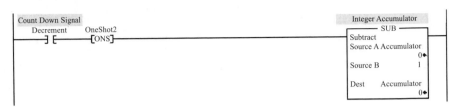

图 4-52　累加与累减逻辑（续）

4.2.10　训练机和模拟机

正如本书前言中提到的，工业 PLC 培训有不同的方法。大多数课程都是基于指令集的；也就是说，提供特定平台的指令，然后学生使用这些指令进行练习。本书第一部分就是这样呈现的，它涵盖了位逻辑、定时器、计数器、数学、比较和一些可能的高级指令。这是一种模块化的培训方式，也是为期一周课程的最佳方式。

1. 标准训练机

基于指令的培训是学习基础知识的好方法，大多数培训课程都是通过这种方式进行 PLC 培训的。用于此目的的训练机通常具有用于数字输入和输出的按钮和指示灯，以及用于模拟 I/O 的电位器和仪表。图 4-53 显示了作者的培训设备中用于标准 Allen-Bradley RSLogix 5000 的训练机。请注意，训练机有按钮（包括一个红色的常闭按钮）、开关、指示灯、电位器和仪表。这个训练机还具有用于远程设备的端口。

图 4-53　标准 PLC 训练机（由 Automation NTH 公司提供）

2. 手提箱式训练机

图 4-54 所示的训练机通常可以放在箱子中，方便携带和在培训课程中使用。在北美地区的 Automation Training 公司都提供 Allen-Bradley 和 Siemens 课程，并将这种类型的训练机与笔记本电脑一起送到各地区以及现场（工厂）。它们被设计得坚固耐用且抗震，以便于频繁使用。

图 4-54　欧姆龙手提箱式训练机（由 Automation Training 公司提供）

3. 模拟训练机

另一种已经使用的训练机是模拟训练机。这种类型的训练机可以与外部的模拟机进行交互，如 Fischertechnik 的工厂模型或是本书中介绍的传输带。可以将按钮和指示灯作为训练机的附件直接插到训练机上。为了正确地模拟工业设备，使用一个有 MCR（主控制继电器）的紧急停止电路和堆栈指示灯模拟器来显示模拟机的运行模式或状态是很有用的。

模拟训练机可用于较长时间的"基于项目"的课程，如技术学校和大学中的课程。为图 4-55 所示的模拟工厂编写一个完整的程序需要很长时间，学习这类课程的学生与学习基于标准指令集课程的学生相比通常更有经验。

模拟训练机可以在程序中内置模拟软件，不一定要与物理设备一起使用。

图 4-55　带有 Fischertechnik 配件的模拟训练机（由 Automation Consulting 有限责任公司提供）

4. 软件模拟

在软件模拟中，需要创建与程序员编写的代码进行交互的例程。如果进行执行器模拟，则当控制执行器的输出被激活时，定时器将从设定值开始计时，该设定值近似等于执行器到达传感器所需的时间。模拟输入由定时器的完成位激活。如果执行器具有模拟位置反馈，则可以使用斜坡累加器在一段时间内增加一个值（将自由运行模式定时器与上一节中的累加器/累减器组合）。这种逻辑可用于逐步执行自动序列的各个阶段。

大多数最新的人机交互软件还具有"动画"对象并能在不同位置显示它们。可以不使用物理模型，而使用执行器的图片来显示机械的状态。因此，模拟训练机通常具有一个 HMI。

程序员经常通过模拟来测试 HMI 对象（例如按钮和指示器）与 PLC 程序之间的链接。这比此处描述的测试自动序列逻辑更容易，只须在程序中修改位和数字，即可更改 HMI 的显示。

编写代码模拟整个程序比简单地测试对象之间的链接要复杂得多。由于无法修改物理输入，因此需要将物理 I/O 映射到模拟 I/O。对于程序中使用的每个点，输入反馈都需要定时器和斜坡。该代码应保存在单独的例程中，将其与程序的操作部分分开，以后可以随时删除或停用它。只要输出不连接到操作设备，就可以直接使用！

第 5 章 | Chapter5

编程实验：具有颜色识别功能的
料仓分拣装置

本章将使用带触摸屏的 MicroLogix 1400 模拟训练机和 Fischertechnik 传送带附件，旨在让读者学会编写一个完整程序。建议程序员在进行实验之前先阅读以下有关 Allen-Bradley PLC 的部分，特别是有关 SLC 和 MicroLogix 平台的部分。

5.1　训练机

图 5-1 所示 PLC 训练机用一个 20 in × 16 in × 8.5 in（1in=25.4mm）的塑料外壳封装，其中包含一个 PLC 和与之配套的电源组件。它的正面有一个 HMI，通过按钮、指示器和数字输入寄存器进行编程，这些寄存器已经映射到了 PLC 内部的地址。

训练机带有一个模拟的红色 / 黄色 / 绿色堆栈指示灯，一个带 MCR（主控制继电器）的急停按钮，以及一个用于启用输出的电源按钮。这模拟了许多工厂中使用的实际工业设备。电源按钮同时也兼作故障重置信号按钮。

图 5-1　便携式 PLC 训练机

这个训练机通过外部多芯电缆与 25 针 d-sub 连接器连接。电缆与各种模拟组件接口相连。来自 Fischertechnik 和其他公司的小型工厂配件可以通过编程来模拟真实世界。I/O 地址对于所有这些模拟机都是通用的。

1. PLC 和 I/O

PLC 可以是任何品牌或类型，但必须要能安装到塑料外壳中。目前，Allen-Bradley MicroLogix 1400（RSLogix500 软件）是可用的，本实验以此为例。与附件连接所需的 I/O 包括 18 个直流开关量输入和 14 个开关量输出，均为 24 V 直流电压。一些附件还需要一个或两个 0 ~ 10V 模拟输入，以及两个用于编码器的高速计数器（HSC）。

PLC 程序具有预先分配寄存器给 HMI 的按钮、指示器和数字寄存器。这样可以释放与外部附件连接的 I/O。

2. 紧急停止按钮与主控继电器

紧急停止按钮（急停按钮，E-Stop）和电源按钮被连接到模拟安全电路的继电器上。按下急停按钮时，切断输出端的电源，类似于工业工厂中的系统。它们还被连接到监控的输入端。电源按钮也连接到输入端，用作故障重置按钮。

急停和 MCR（主控制继电器）是工业自动化机械和系统的标准功能。来自这些电路的 I/O 接口是 PLC 和自动化系统培训的重要组成部分。其中包括有关如何对电路状态引起的故障、报警和模式影响进行编程的完整说明。

3. 堆栈指示灯和喇叭 / 蜂鸣器

输出连接到红色 / 黄色 / 绿色堆栈指示灯模拟器和用于发出声音警报和启动警告信号的蜂鸣器。堆栈指示灯是大多数工业机器的标准部件，通常用于显示运行模式状态（自动、自动循环、手动或维护模式，以及警报或故障）。

声音警报也是大多数控制系统的一部分，用于向操作员发出故障 / 警报或启动条件的提醒信号。说明中包含了这些指示器的接口以及所需的模式控制。

4. 人机交互（HMI）

操作员界面是 Samkoon 7 in(1in=25.4mm) 彩色触摸屏。它预先编程有：四个按钮 / 指示灯屏幕（每个 64 个）、四个整数输入 / 输出屏幕（每个 64 个）和四个实数输入 / 输出屏幕（每个 32 个）。每个屏幕上的每个组件都允许用户通过弹出式键盘为每个设备键入一个标签。标签寄存器不具有保持性！它们只保留标签内容，直到断电为止。

HMI 具有适用于所有主要 PLC 品牌的通信驱动。

5. 软件

所有训练机都包含与 HMI 上的设备地址相链接的例程和寄存器或标签。该软件中内置了程序中的模拟例程和如何创建交互式程序的说明。此外，还可以为实验室的练习创建模拟例程，并提供给教员。

以下工作表用于记录程序员对 HMI 地址的分配，这些地址已经存储于训练机中。

5.2　Allen-Bradley MicroLogix 型可编程逻辑控制器

Bulletin 1766-L32BWA

以太网 I/P 端口地址：192.168.0.11

I/O 分配表如表 5-1～表 5-6 所示。

训练机的电源分配图如图 5-2 所示，训练机的 I/O 分配图如图 5-3 所示。

表 5-1　I/O 分配表——按钮 / 指针（屏幕 1 和屏幕 2）

按钮		指针		描述
hPb1	B11:0/0	hlnd1	B11:4/0	
hPb2	B11:0/1	hlnd2	B11:4/1	
hPb3	B11:0/2	hlnd3	B11:4/2	
hPb4	B11:0/3	hind4	B11:4/3	
hPb5	B11:0/4	hlnd5	B11:4/4	
hPb6	B11:0/5	hlnd6	B11:4/5	
hPb7	B11:0/6	hlnd7	B11:4/6	
hPb8	B11:0/7	hlnd8	B11:4/7	
hPb9	B11:0/8	hlnd9	B11:4/8	
hPb10	B11:0/9	hlnd10	B11:4/9	
hPb11	B11:0/10	hlnd11	B11:4/10	
hPb12	B11:0/11	hlnd12	B11:4/11	
hPb13	B11:0/12	hlnd13	B11:4/12	
hPb14	B11:0/13	hlnd14	B11:4/13	
hPb15	B11:0/14	hlnd15	B11:4/14	
hPb16	B11:0/15	hlnd16	B11:4/15	
hPb17	B11:1/0	hlnd17	B11:5/0	
hPb18	B11:1/1	hlnd18	B11:5/1	
hPb19	B11:1/2	hlnd19	B11:5/2	
hPb20	B11:1/3	hlnd20	B11:5/3	
hPb21	B11:1/4	hlnd21	B11:5/4	
hPb22	B11:1/5	hlnd22	B11:5/5	
hPb23	B11:1/6	hlnd23	B11:5/6	
hPb24	B11:1/7	hlnd24	B11:5/7	
hPb25	B11:1/8	hlnd25	B11:5/8	
hPb26	B11:1/9	hlnd26	B11:5/9	

（续）

按钮		指针		描述
hPb27	B11:1/10	hlnd27	B11:5/10	
hPb28	B11:1/11	hlnd28	B11:5/11	
hPb29	B11:1/12	hlnd29	B11:5/12	
hPb30	B11:1/13	hlnd30	B11:5/13	
hPb31	B11:1/14	hlnd31	B11:5/14	
hPb32	B11:1/15	hlnd32	B11:5/15	

表 5-2 I/O 分配表——按钮 / 指针（屏幕 3 和屏幕 4 ）

按钮		指针		描述
hPb33	B11:2/0	hlnd33	B11:6/0	
hPb34	B11:2/1	hlnd34	B11:6/1	
hPb35	B11:2/2	hlnd35	B11:6/2	
hPb36	B11:2/3	hlnd36	B11:6/3	
hPb37	B11:2/4	hlnd37	B11:6/4	
hPb38	B11:2/5	hlnd38	B11:6/5	
hPb39	B11:2/6	hlnd39	B11:6/6	
hPb40	B11:2/7	hlnd40	B11:6/7	
hPb41	B11:2/8	hlnd41	B11:6/8	
hPb42	B11:2/9	hlnd42	B11:6/9	
hPb43	B11:2/10	hlnd43	B11:6/10	
hPb44	B11:2/11	hlnd44	B11:6/11	
hPb45	B11:2/12	hlnd45	B11:6/12	
hPb46	B11:2/13	hlnd46	B11:6/13	
hPb47	B11:2/14	hlnd47	B11:6/14	
hPb48	B11:2/15	hlnd48	B11:6/15	
hPb49	B11:3/0	hlnd49	B11:7/0	
hPb50	B11:3/1	hlnd50	B11:7/1	
hPb51	B11:3/2	hlnd51	B11:7/2	
hPb52	B11:3/3	hlnd52	B11:7/3	
hPb53	B11:3/4	hlnd53	B11:7/4	
hPb54	B11:3/5	hlnd54	B11:7/5	
hPb55	B11:3/6	hlnd55	B11:7/6	
hPb56	B11:3/7	hlnd56	B11:7/7	
hPb57	B11:3/8	hlnd57	B11:7/8	
hPb58	B11:3/9	hlnd58	B11:7/9	
hPb59	B11:3/10	hlnd59	B11:7/10	

（续）

按钮		指针		描述
hPb60	B11:3/11	hInd60	B11:7/11	
hPb61	B11:3/12	hInd61	B11:7/12	
hPb62	B11:3/13	hInd62	B11:7/13	
hPb63	B11:3/14	hInd63	B11:7/14	
hPb64	B11:3/15	hInd64	B11:7/15	

表 5-3　I/O 分配表——整数[①]（屏幕 1 和屏幕 2）

符号	地址	描述
hInt1	N12:0	
hInt2	N12:1	
hInt3	N12:2	
hInt4	N12:3	
hInt5	N12:4	
hInt6	N12:5	
hInt7	N12:6	
hInt8	N12:7	
hInt9	N12:8	
hInt10	N12:9	
hInt11	N12:10	
hInt12	N12:11	
hInt13	N12:12	
hInt14	N12:13	
hInt15	N12:14	
hInt16	N12:15	
hInt17	N12:16	
hInt18	N12:17	
hInt19	N12:18	
hInt20	N12:19	
hInt21	N12:20	
hInt22	N12:21	
hInt23	N12:22	
hInt24	N12:23	
hInt25	N12:24	
hInt26	N12:25	
hInt27	N12:26	
hInt28	N12:27	

（续）

符号	地址	描述
hInt29	N12:28	
hInt30	N12:29	
hInt31	N12:30	
hInt32	N12:31	

① 16 位带符号整数。

表 5-4　I/O 分配表——整数① （屏幕 3 和屏幕 4 ）

符号	地址	描述
hInt33	N12:32	
hInt34	N12:33	
hInt35	N12:34	
hInt36	N12:35	
hInt37	N12:36	
hInt38	N12:37	
hInt39	N12:38	
hInt40	N12:39	
hInt41	N12:40	
hInt42	N12:41	
hInt43	N12:42	
hInt44	N12:43	
hInt45	N12:44	
hInt46	N12:45	
hInt47	N12:46	
hInt48	N12:47	
hInt49	N12:48	
hInt50	N12:49	
hInt51	N12:50	
hInt52	N12:51	
hInt53	N12:52	
hInt54	N12:53	
hInt55	N12:54	
hInt56	N12:55	
hInt57	N12:56	
hInt58	N12:57	
hInt59	N12:58	
hInt60	N12:59	

（续）

符号	地址	描述
hInt61	N12:60	
hInt62	N12:61	
hInt63	N12:62	
hInt64	N12:63	

① 16 位带符号整数。

表 5-5　I/O 分配表——实数（屏幕 1～4）

符号	地址	描述
hReal1	F13:0	
hReal2	F13:1	
hReal3	F13:2	
hReal4	F13:3	
hReal5	F13:4	
hReal6	F13:5	
hReal7	F13:6	
hReal8	F13:7	
hReal9	F13:8	
hReal10	F13:9	
hReal11	F13:10	
hReal12	F13:11	
hReal13	F13:12	
hReal14	F13:13	
hReal15	F13:14	
hReal16	F13:15	
hReal17	F13:16	
hReal18	F13:17	
hReal19	F13:18	
hReal20	F13:19	
hReal21	F13:20	
hReal22	F13:21	
hReal23	F13:22	
hReal24	F13:23	
hReal25	F13:24	
hReal26	F13:25	
hReal27	F13:26	
hReal28	F13:27	
hReal29	F13:28	

（续）

符号	地址	描述
hRea30	F13:29	
hReal31	F13:30	
hReal32	F13:31	

表 5-6 输入输出分配及功能对照表

引脚	地址	颜色 (v1)	PLC SYM	选色机	高层立体货仓	对应器械
1	I:0/0	棕色	IN0	传送带脉冲	Ref. Sw. 水平	推杆 1 推出
2	I:0/1	红色	IN1	进料孔	内部 PE	推杆 1 缩回
3	I:0/2	橙色	IN2	出料孔	外部 PE	推杆 2 推出
4	I:0/3	粉色	IN3	物料孔 1	Ref. Sw. 垂直（顶部）	推杆 2 缩回
5	I:0/4	黄色	IN4	物料孔 2	备用	PE 推杆 1
6	I:0/5	绿色	IN5	物料孔 3	备用	PE 磨盘
7	I:0/6	浅绿色	IN6		水平编码器 P1	PE 加载站
8	I:0/7	蓝色	IN7		水平编码器 P2	PE 钻头
9	I:0/8	亮蓝色	IN8		前悬臂	PE 传送出口
10	I:0/9	紫罗兰色	IN9		后悬臂	
11	I:0/10	灰色	IN10		垂直编码器 P1	
12	I:0/11	白色	IN11		垂直编码器 P2	
	I:0/12		IN12			
	I:0/13	蓝色	MCR			
	I:0/14	绿色	ESTOP			
	I:0/15	灰色	RESETPB			
	I:0/16		IN16			
	I:0/17		IN17			
	I:0/18		IN18			
	I:0/19		IN19			
25	I:2.0	黑-白	ANINCH0	颜色传感器		
14	I:2.1	棕-黑	ANINCH1			
13	O:2.0	黑色	ANOUTCH0			
	O:0/0	白色	蜂鸣器			
	O:0/1		绿灯			
	O:0/2		黄灯			
	O:0/3		红灯			
15	O:0/4	红-黑	OUT4	传送带正转	传送带前进	推杆 1 前进电动机
16	O:0/5	橙-黑	OUT5	压缩机	传输或返回信号	推杆 1 缩回电动机
17	O:0/6	粉-黑	OUT6	气阀 1	水平前进	推杆 2 前进电动机
18	O:0/7	黄-黑	OUT7	气阀 2	水平倒退	推杆 2 缩回电动机
19	O:0/8	绿-黑	OUT8	气阀 3	垂直下降	补料传送带电动机

（续）

引脚	地址	颜色 (v1)	PLC SYM	选色机	高层立体货仓	对应器械
20	O:0/9	浅绿 – 黑	OUT9		垂直上升	磨盘传送带电动机
21	O:0/10	蓝 – 黑	OUT10		悬臂前进	磨盘电动机
22	O:0/11	亮蓝 – 黑	OUT11		悬臂后退	磨盘传送带电动机
23	O:1/0	紫 – 黑	OUT1_0			钻头电动机
24	O:1/1	灰 – 黑	OUT1_1			传送带电动机出口

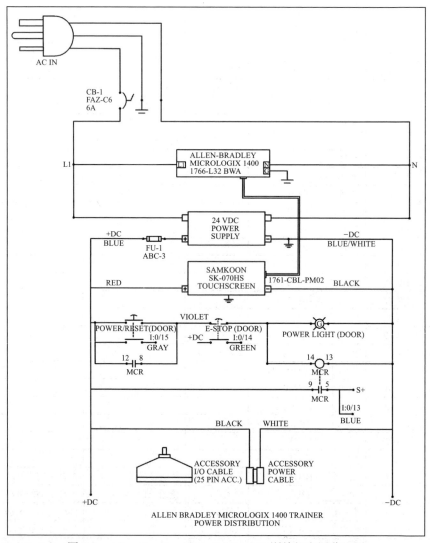

图 5-2　Allen-Bradley MicroLogix1400 训练机电源分配图

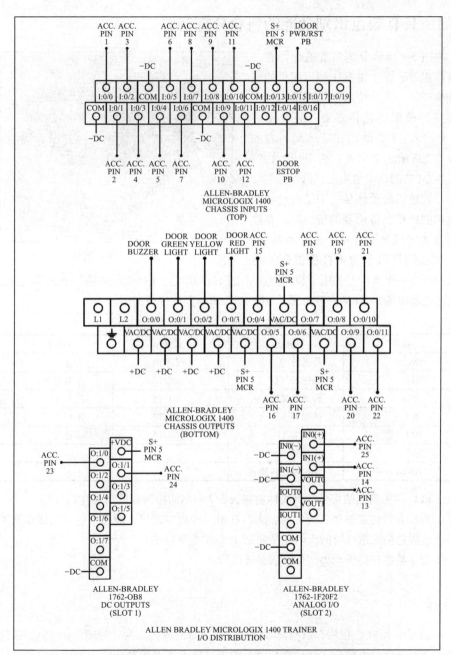

图 5-3　Allen-Bradley MicroLogix1400 训练机 I/O 分配图

5.3　具有颜色识别功能的料仓分拣装置

图 5-4 所示分拣装置的配件有一条传送带、三个带有小型压缩机的气动推杆，以及一个用于检测不同颜色零件的模拟颜色传感器。装置配有 6 个输入，5 个输出，其分配列表如表 5-7 所示。该装置需要电流 1.1 A、电压 24 V 的直流电流为其供电。

选色机的配件是一个带有封装式模拟颜色检测传感器的传送带。在颜色检测区域之后有三个推杆和料仓。小型压缩机用于为推杆提供压缩空

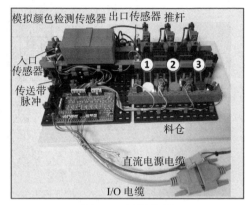

图 5-4　分拣装置

气。还有一个微动开关用于检测传送带电动机的旋转。I/O 电缆连接到 PLC 训练机，直流电源电缆将 24 V 直流电源从 PLC 训练机引到连接板的引脚。

表 5-7　输入输出描述

输入	描述	输出	描述
IN0	传送脉冲	OUT4	传送带运行
IN1	传感器开启	OUT5	压缩机开启
IN2	传感器关闭	OUT6	推杆 1
IN3	传感器 1	OUT7	推杆 2
IN4	传感器 2	OUT8	推杆 3
IN5	传感器 3		
ANINCH0	模拟颜色传感器		

PLC 训练机上的符号名称或标签与表 5-7 列出的输入和输出名称相匹配。

当没有任何部件挡住光线时，入口和出口传感器开启。模拟颜色传感器根据零件通过颜色检测通道时的反射光量向 PLC 提供电压电平。

为了给推杆提供动力，压缩器必须运行。

目标

编写一个 PLC 程序，以检测零件通过轨道时的颜色。为每种颜色（红色、白色和蓝色）选择一个料仓，然后将检测到的零件推入正确的料仓中。如果未检测到颜色，则零件落在传送带的终点。

系统功能：创建自动模式和手动模式，可通过 HMI 上的按钮进行选择。按下 HMI 上的自动循环按钮创建自动循环状态。按下按钮保持 3s 激活自动循环。当按下按钮时，蜂鸣器发出声音，警告设备将启动。在 HMI 上创建一个循环停止按钮，按下该按钮，机器退出自动循环状态。

机器仅处于自动模式时才可以进入自动循环。如果机器处于自动循环模式，则必须先停止循环，然后才能使机器进入手动模式。故障情况也应使机器退出自动循环，并创建一个故障位，以备后用。如果传送带上有零件，则机器应保持在自动循环状态，直到零件被推入正确的料仓或离开传送带。

堆栈指示灯：点亮 PLC 训练机上的堆栈指示灯。当机器出现故障时，激活红灯，红灯亮。当处于手动模式时，激活黄灯，黄灯亮；当在自动模式下，但未处于自动循环时，绿灯闪烁；当机器处于自动循环时，绿灯保持稳定的常亮状态。

输入：根据需要将物理输入映射到输入状态位。例如，如果您希望使用一个名为"Bin 1 Part Present"的位，则需要为 IN3 输入使用常闭触点。

输出：为所有运动部件创建输出。在手动模式下，使用一个按钮来激活对应料仓的推杆。在自动模式下，顺序或控制逻辑将打开一个位以激活输出。不要忘记在必要时使用许可位；如果料仓中已经有一个零件，则推杆不应能通电。注意要检查推杆。

可能要为传送带创建两种不同的控制方案：一种是锁定传送带的运行和停止，另一种是只要将手指按住按钮就可以使传送带缓慢运行。

分析：创建一个自动例程，并将您的测试和分析逻辑放在此处。

1）颜色值：获得以下值。

a）无零件_____

b）白色零件_____

c）红色零件_____

d）蓝色零件_____

2）速度和距离：

a）根据每秒脉冲数确定传送带运行速度_____

b）确定零件移动 300 mm 所需要的时间_____

c）确定 300 mm 内的脉冲数_____

d）传送带的运行速度是多少 (mm/s) ？_____

e）从传感器出口到料仓 1 入口的脉冲_____

f）从传感器出口到料仓 2 入口的脉冲_____

g）从传感器出口到料仓 3 入口的脉冲_____

h）从传感器出口到料仓 1 入口的时间_____

i）从传感器出口到料仓 2 入口的时间＿＿＿＿＿＿

j）从传感器出口到料仓 3 入口的时间＿＿＿＿＿＿

为了实现上述目的，注意编写代码来记录脉冲数以及出口传感器被挡住和传送带停止之间的时间。

自动序列：当零件出现在颜色检测通道的入口并按下按钮时，创建启动传送带的逻辑。当零件通过通道时，捕获零件的颜色。当零件到达正确的料仓位置时，传送带停止并将零件推入正确的料仓。

故障：创建逻辑以检测以下情况。

1）按下急停按钮。

2）MCR 未激活。

3）当试着推入时，料仓 1 中已有零件存在。

4）料仓 1 零件在推送时未到达料仓。

5）当试着推入时，料仓 2 中已有零件存在。

6）料仓 2 的零件在推送时未到达料仓。

7）当试着推入时，料仓 3 中已有零件存在。

8）料仓 3 的零件在推送时未到达料仓。

发生故障时，机器应退出自动循环。使用故障重置按钮清除故障。如果没能明确故障原因，则难以清除故障。清除故障并重置后，机器应该能够在不丢失零件的情况下返回到自动循环模式。

记录故障编号，仅记录最初导致机器停止的故障，随后的故障应无影响。

生产：创建逻辑来计算已处理的每个零件的数量和零件的总数。在 HMI 上创建一个计数重置按钮。在整数屏幕上显示计数值。

可选：为在"故障例程"中的每个不同故障创建计数器。

使用书中的工作表对用于项目的按钮和数字进行布置。你可以使用弹出式键盘在触摸屏设备上方的字段中输入这些设备和寄存器的名称。请勿断开触摸屏的电源，这些寄存器不具有断电保持功能！

附录 D 给出了此练习的一个解决方案。

第三部分

PLC 平台

本书的第三部分主要涵盖了 Allen-Bradley 和 Siemens 这两个 PLC 平台，包括这两个平台有关硬件、指令集和在不同平台上启动项目教程的详细信息；有几节介绍如何在 Allen-Bradley 和 Siemens PLC 平台中使用 IEC 61131 语言，还有一节介绍如何连接至控制器。

读者在学习了本书第一部分中介绍的 PLC 硬件和编程一般概念之后，在 PLC 编程方法部分又探索了一些更高级的编程技术，本部分将这些概念应用于特定的平台上。Allen-Bradley 平台和 Siemens 平台在硬件和软件方面截然不同。本部分将帮助程序员理解其中的一些差异，并希望他们能够应用这些知识。

在附录 A 中列出了一些其他较大规模的 PLC 平台。

Allen-Bradley PLC

Allen-Bradley 的历史可追溯至 1903 年,由林德·布拉德利和斯坦顿·艾伦博士创立,最初投资 1000 美元,成立了压敏变阻器公司(Compression Rheostat Company)。1904 年,年仅 19 岁的哈里·布拉德利(Harry Bradley)加入了他哥哥的行列,并于 1909 年将公司更名为艾伦 – 布拉德利(Allen-Bradley)。

该公司在第一次世界大战期间因响应政府的承包工作而迅速扩张,当时的产品线包括自动启动器和开关、断路器、继电器和其他电气设备。其第一家销售办事处在纽约成立,位于密尔沃基。

20 世纪 70 年代,该公司扩大了生产规模,并成为一家跨国公司。1985 年,该公司被罗克韦尔国际公司收购。

1994 年,罗克韦尔软件公司成立。罗克韦尔还收购了信实电气(Reliance Electric)和道奇(Dodge),公司合称为罗克韦尔自动化(Rockwell Automation)。

2002 年,罗克韦尔国际公司拆分为两家公司。工业自动化部门仍为罗克韦尔自动化,而航空电子部门更名为罗克韦尔柯林斯(Rockwell Collins)。

最初的大型机架式 PLC 系统是 PLC、其次是 PLC2、PLC3 和 PLC5。如今,PLC5 仍受到支持。

1991 年,SLC(Small Logic Controller,小型逻辑控制器)作为 PLC5 的较低版本首次亮相,它使用的是 PLC 指令集的缩写版本。MicroLogix 系列出现在 1995 年,随后于 1997 年第一个基于 ControlLogix 标签的平台出现。

罗克韦尔软件公司仍然在为 Allen-Bradley PLC 和 PAC(Programmable Automation Controller,可编程自动化控制器)系列提供所有编程和通信软件支持。

6.1　MicroLogix 和 SLC 系列

6.1.1　MicroLogix 和 SLC 平台

1.RSLogix 500

用于 SLC 和 MicroLogix 系列 PLC 编程的主要软件包是 RSLogix500，截至 2017 年 6 月的最新版本是 11.0 版。RSLogix 500 系列版本描述如表 6-1 所示。

表 6-1　RSLogix 500 系列版本描述

名称	目录	控制器	描述
专业版	9324-RL0700NXENE	所有 SLC 500 和 MicroLogix 控制器（除 800 系列外）	在线 / 离线编程，包括用于 Control-Net/DeviceNet/ 以太网 /IP 的 RSNetworx 和 RSLogix Emulate
标准版	9324-RL0300ENE	所有 SLC 500 和 MicroLogix 控制器	在线 / 离线编程
入门版	9324-RL0100ENE	所有 SLC 500 和 MicroLogix 控制器	仅离线编程、无交叉引用、数据使用、程序比较
微型开发版	9324-RLM0800ENE	除 800 系列外的所有 MicroLogix 控制器	在线 / 离线编程
微型入门版	9324-RL0300ENE	除 800 系列外的所有 MicroLogix 控制器	在线 / 离线编程、无数据使用、程序比较、趋势、高级诊断、程序报告
微型入门精简版	免费	仅 MicroLogix 1000 和 1100	在线编辑仅适用于 MicroLogix 1100，无数据使用、程序比较、趋势、高级诊断、程序报告

2.MicroLogix 800

Micro800 系列控制器是使用 Connected Components Workbench 进行编程的，它也可用于其他设备，例如变频器、伺服驱动器、光幕和安全继电器。Micro800 系列版本描述如表 6-2 所示。

表 6-2　Micro800 系列版本描述

名称	目录	控制器	描述
开发版	9328-CCWDEVENE	所有 Micro800 产品	离线编程、运行模式更改、Spy 列表、UDT、IP 保护
标准版	免费	所有 Micro800 产品	离线编程

软件：

Connect Components Workbench(标准版免费)。支持梯形图、功能框图（FBD）、结构化文本（ST）。

型号：

Micro810（见图 6-1）：12 个 I/O 端子，带有 4 个大电流继电器输出，DC 型号允许 4 个 0 ～ 10V 模拟输入，实时时钟，可选的用于监视 / 修改应用数据的 1.5 in (1in=25.4 mm) 本地 LCD。

Micro820（见图 6-2）：多达 36 个 I/O 端子，2 个插件模块，以太网，用于配方或数据记录的 MicroSD 卡，5kHz PWM 输出，实时时钟，可选的 35 in (1in=25.4 mm)LCD 显示屏，模拟 I/O。

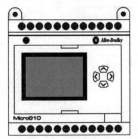

图 6-1　MicroLogix 800 Micro810

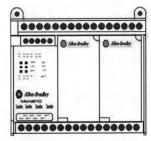

图 6-2　MicroLogix 800 Micro820

Micro830（见图 6-3）：多达 88 个 I/O 端子，20 个模拟输入，高性能 I/O，中断，PTO 运动，2080 个扩展 I/O 端子。

Micro850（见图 6-4）：多达 132 个 I/O 端子，高性能 I/O，中断，PTO 运动，嵌入式以太网，2085 个扩展 I/O 端子。可以用作 SCA（Modbus 或以太网）的 RTU 单元。

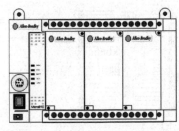

图 6-3　MicroLogix 800 Micro830

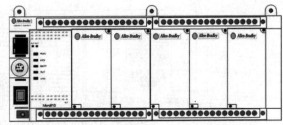

图 6-4　MicroLogix 800 Micro850

3. MicroLogix 1000

软件：

RSLogix 500 和 RSLogix 500 Micro，仅支持梯形图。

型号:

1761-LXX（见图 6-5），其中 XX 表示 I/O 端子的数目。电源为交流和直流，I/O 端子的数目范围为 10 ～ 32 个。输入为交流（AC）或直流（DC），输出为交流、直流和继电器。一些型号提供模拟信号。

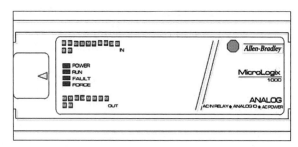

图 6-5　MicroLogix 1000 1761-LXX

MicroLogix 1000 于 2017 年 6 月 30 日停产。建议使用 MicroLogix 820。

4. MicroLogix 1100

软件:

RSLogix 500 和 RSLogix 500 微型入门精简版。支持在线编辑，仅支持梯形图。

型号:

1763-LXX（见图 6-6），其中 XX 表示 I/O 端子的数目。电源为交流和直流，I/O 端子的数目范围为 10 ～ 16 个。可扩展至 144 个 I/O 端子。输入为交流或直流；输出为交流、直流和继电器。部分型号提供模拟信号。支持以太网 / IP、DH-485 和 Modbus RTU。

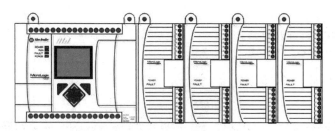

图 6-6　MicroLogix 1100 1763-LXX

5. MicroLogix 1200

软件:

RSLogix 500，仅支持梯形图。

型号：

1762-LXX（见图 6-7），其中 XX 表示 I/O 端子的数目。交流和直流电源，I/O 端子的数目范围为 24 ～ 40 个。可扩展至 136 个 I/O 端子，输入为交流或直流，输出为交流、直流和继电器。一些型号提供模拟信号。具有 RS232 以及 RS485 组合接口、2 个内置电位器。

6. MicroLogix 1400

软件：

RSLogix 500 和 RSLogix Micro。支持在线编辑。仅支持梯形图。

型号：

1766-LXX（见图 6-8），其中 XX 表示 I/O 端子的数目。10 240 字的用户程序存储器，10 240 字的用户数据存储器。

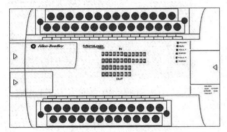 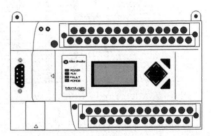

图 6-7　MicroLogix 1200 1762-LXX　　　图 6-8　MicroLogix 1400 1766-LXX

内置 LCD、交流和直流电源。具有 32 个内置 I/O，可扩展至 256 个 I/O 端子（7 个模块）。输入为交流或直流，输出为交流、直流和继电器。部分型号提供模拟信号。具有两个内置串行接口（DF1/DH485/Modbus RTU/DNP3/ASCII）、以太网接口（以太网 /IP，Modbus，DNP3），以及用于数据记录（128KB）或配方（64KB）的存储卡。

7. MicroLogix 1500

软件：

RSLogix500，仅支持梯形图。

型号：

1769-LXX（见图 6-9），其中 XX 表示 I/O 端子的数目。内置 LCD、交流和直流电源。内置 32 个 I/O 端子，可扩展至 512 个 I/O 端子。输入为交流或直流，输出为交流、直流和继电器。部分型号提供模拟信号。具有两个内置的串行端口，以太网端口。

MicroLogix 1500 于 2017 年 6 月 30 日停产。建议使用 MicroLogix 1400 或 Compact-Logix 5370 L1 和 L2。

8. SLC500 系列

软件：

RSLogix500。支持梯形图和结构化文本。高级指令集包括文件处理、顺序器、诊断、移位寄存器、即时 I/O 和程序控制指令。

型号：

1747-LXXX（见图 6-10），其中 XXX 表示控制器系列。SLC 系列是基于机架的系统，较早的 SLC150 和 SLC500 控制器是固定的，并且具有板载 I/O，但目前这些已停产。

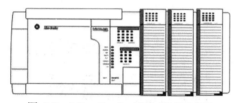

图 6-9　MicroLogix 1500 1769-LXX　　　图 6-10　SLC 500 系列 1747-LXXX

处理器位于机架的最左侧插槽（插槽 0）中，有 4、7、10 和 13 种插槽尺寸。处理器包括 5/01、5/02、5/03、5/04 和 5/05（参数见表 6-3）。5/01 和 5/02 处理器已经停产，5/03 8KB 系列于 2018 年 8 月 31 日起停产。推荐使用 CompactLogix 5370 和 5380 系列。

表 6-3　SLC500 系列处理器

处理器	通信	存储	最大 I/O	说明
SLC 5/01	DH-485 Slave	1KB, 4KB	3940	51
SLC 5/02	DH-485	4KB	4094	约 70
SLC 5/03	DH-485, DF1	8KB, 16KB	4094	约 100
SLC 5/04	DH+, DF1	16KB, 32KB, 64KB	4094	约 100
SLC 5/05	Ethernet, DF1	16KB, 32KB, 64KB	4094	约 100

使用 5/03、5/04 和 5/05 处理器可以进行在线编辑。

6.1.2　MicroLogix 和 SLC 存储寄存器

MicroLogix 和 SLC 存储寄存器的结构是"文件：元素编号分隔符位或字编号"，如表 6-4 所示。

表 6-4　MicroLogix 和 SLC 存储寄存器结构

文件	标号	名称	举例	说明	注释
O	0	输出	O:5/3	槽 5，第 4 位	物理数字量输出
			O:6.1	槽 6，第 2 通道	物理模拟量输出
I	1	输入	I:4/6	槽 4，第 7 位	
			I:7.3	槽 7，第 4 通道	
S	2	状态	S:1/15	首次扫描位	无法修改
			S:5/0	数学溢出位	（只读）
B	3	位	B3:5/0(B3/80)	字 5，位 0（位 80）	
T	4	定时器	T4:2	定时器 2	
			T4:2.PRE	定时器 2 预设	带符号整型
			T4:2.ACC	定时器 2 累加	带符号整型
			T4:2/DN	定时器 2 完成	
			T4:2/TT	定时器 2 计时中	
C	5	计数器	C5:8	计数器 8	
			C5:8.PRE	计数器 8 预设	带符号整型
			C5:8.ACC	计数器 8 累加	带符号整型
			C5:8/DN	计数器 8 完成位	
R	6	控制器	R6:1	控制文件 1	
			R6:1.LEN	控制文件 1 长度	
			R6:1.POS	控制文件 1 位置	
			R6:1/ER	控制文件 1 错误	
N	7	整型	N7:20	整数字 20	带符号整型
			N7:20/6	整数字 20，第 6 位	
F	8	浮点	F8:5	浮点值，数值 5	实数数据类型，32 位
ST	User	字符串	ST9:1	字符串 1（文件 9）	
A		ASCII			

　　有关详细信息，请参见“Allen-Bradley Instruction Set Reference Manual 1747-rm001_-en-p”。F8 以后的文件由程序员定义，最多有 255 个文件。

6.1.3　MicroLogix 和 SLC 指令

1. 基本指令

基本指令功能描述如表 6-5 所示。

表 6-5 基本指令功能描述

助记符	名称	作用
XIC	检查是否闭合	对某一位进行 ON 状态检查
XIO	检查是否断开	对某一位进行 OFF 状态检查
OTE	输出激励	将某一位置为 ON 或 OFF
OTL	输出锁存	OTL 所在梯级为真时，将寻址位设置为 ON，而且该位状态保持不变，直到该位解锁或清除寄存器为止
OTU	输出解锁	OUT 所在梯级为真时，将寻址位重置为 OFF
OSR	上升沿触发一次响应	当 OSR 所在梯级由假变真时，输出位产生一个扫描周期正脉冲信号
OSF	下降沿触发一次响应	当 OSF 所在梯级由真变假时，输出位产生一个扫描周期正脉冲信号
ONS	一次响应（上升沿）	同 OSR
TON	通电延时定时器	当指令所在梯级为真时，以时间基为单位开始计时，时间到，输出动作
TOF	断电延时定时器	当指令所在梯级为假时，以时间基为单位开始计时，时间到，输出动作
RTO	保持型定时器	当通电指令为真时，以时间基为单位开始计时，当指令变为假时累加值保持不变
CTU	加计数器	每次从假变为真时累加值增加，当指令变为假或重新通电时累加值保持不变
CTD	减计数器	每次从真到假时累加值减小，当指令变为假或重新通电时累加值保持不变
HSC	高速计数器	对固定控制器高速输入端的高速脉冲进行计数
RES	重置	重置定时器或计数器的累加值和状态位。请勿与 TOF 计时器一起使用

2．比较指令

比较指令功能描述如表 6-6 所示。

表 6-6 比较指令功能描述

助记符	名称	作用
EQU	等于	测试两个值是否相等
NEQ	不等于	测试两个值是否不相等
LES	小于	测试一个值是否小于另一个值
LEQ	小于或等于	测试一个值是否小于或等于另一个值
GRT	大于	测试一个值是否大于另一个值
GEQ	大于或等于	测试一个值是否大于或等于另一个值
MEQ	屏蔽等于	测试通过屏蔽的源值与比较值是否相等
LIM	极限比较	测试一个值是否在其他两个值的范围内

3. 数学指令

数学指令功能描述如表 6-7 所示。

表 6-7　数学指令功能描述

助记符	名称	作用
ADD	加	将源 A 与源 B 相加，并将结果存储到目的单元内
SUB	减	将源 A 减去源 B，并将结果存储到目的单元内
MUL	乘	将源 A 与源 B 相乘，并将结果存储到目的单元内
DIV	除	将源 A 除以源 B，并将结果存储到目的单元内
DDV	双字除	将算术寄存器的常数除以源，然后将结果存储到目的单元和算术寄存器中
CLR	清零	将一个字的所有位设置为零
SQR	平方根	计算源的平方根整数，并将结果放到目的单元内
SCP	参数整定	产生一个整定输出值，该输出值在输入值和整定值之间具有线性关系
SCL	数据整定	将源乘以一个特定比例（比率），加上一个偏移量，并将结果存储到目的单元内
RMP	斜率	提供创建线性加速、减速和 S 形曲线斜坡输出数据波形的能力
ABS	绝对值	计算源的绝对值（正值），并将结果存放到目的单元内
CPT	计算	计算一个表达式的值，并将结果存放到目的单元内
SWP	交换	交换一个位、整数、ASCII 码或字符串文件中指定字数的低位和高位字节
COS	余弦	求取一个数的余弦值，并将结果存储到目的单元内
SIN	正弦	求取一个数的正弦值，并将结果存储到目的单元内
TAN	正切	求取一个数的正切值，并将结果存储到目的单元内
ASN	反正弦	求取一个数的反正弦值，并将结果（以弧度表示）存储到目的单元内
ACS	反余弦	求取一个数的反余弦值，并将结果（以弧度表示）存储到目的单元内
ATN	反正切	求取一个数的反正切值，并将结果（以弧度表示）存储到目的单元内
LN	自然对数	求取一个数的自然对数值，并将结果存储到目的单元内
LOG	以 10 为底的对数	求取一个数以 10 为底的对数值，并将结果存储到目的单元内

4. 数据处理指令

数据处理指令功能描述如表 6-8 所示。

表 6-8　数据处理指令功能描述

助记符	名称	作用
TOD	整数转换成 BCD 码	将整数源值转换为 BCD 码格式，并将其存储到目的单元中
FRD	BCD 码转换成整数	将 BCD 码格式的源值转换为整数，并将其存储到目的单元中
DEG	弧度转换为度	将弧度（源）转换为度，并将结果存储到目的单元中
RAD	度转换为弧度	将度（源）转换为弧度，并将结果存储到目的单元中
DCD	4-1 译码器	译码一个 4 位的值（0 ~ 15），对应 16 位目的单元中的相应位
ENC	1-4 编码器	将一个 16 位源值编码为一个 4 位数值。从最低位到最高位搜索源值，寻找第一个置位位。相应位的位置作为整数写到目的单元中
COP	复制文件	将数据从源文件拷贝到目的文件
FLL	填充文件	将源值加载到目的文件中的每个位置
MOV	传送	传送源值到目的单元中
MVM	屏蔽传送	传送源值被选择的部分到目的单元中
AND	逻辑与	执行一个按位逻辑与操作
OR	逻辑或	执行一个按位逻辑或操作
XOR	逻辑异或	执行一个按位逻辑异或操作
NOT	逻辑非	执行一个按位逻辑非运算
NEG	取反	更改源值的符号，并存放到目的单元中
FFL	FIFO 装入	在每次梯级从假转换到真时，将一个字加载到 FIFO（先进先出）堆栈中。加载的第一个字是第一个要卸载的字
FFU	FIFO 卸出	在每次梯级从假转换到真时，从 FIFO（先进先出）堆栈中卸出一个字。先加载的字先被卸载出
LFL	LIFO 装入	在每次梯级从假转换到真时，将一个字加载到 LIFO（后进先出）堆栈中。后加载的字先被卸出
LFU	LIFO 卸出	在每次梯级从假转换到真时，从 LIFO（后进先出）堆栈中卸出一个字。加载的最后一个字是第一个要卸出的字

5 . 程序流指令

程序流指令功能描述如表 6-9 所示。

表 6-9　程序流指令功能描述

助记符	名称	作用
JMP, LBL	跳转和标号	向前或向后跳转到指定的"标号"指令
JSR	跳转到子程序	跳转到指定的子程序或梯形图
SBR	子程序标志	指定子程序或梯形图的开始位置
RET	返回	从子程序返回到调用它的位置

(续)

助记符	名称	作用
MCR	主控程序重置	将部分梯形图中的所有非保持型输出重置
TND	暂停	标记一个中断位置，暂停程序执行
SUS	中断	获取程序调试和系统故障排除的特定条件
IIM	带屏蔽的立即输入	使用屏蔽对输入即时更新
IOM	带屏蔽的立即输出	使用屏蔽对输出即时更新
REF	刷新	中断程序扫描去更新 I/O 和服务通信

6. 具体应用指令

具体应用指令功能描述如表 6-10 所示。

表 6-10　具体应用指令功能描述

助记符	名称	作用
BSL, BSR	位左移或右移	将移动数据位移入一个位数组中，数据在数组中移动，并卸出数组中的最后一位。BSL 将数据向左移动，而 BSR 将向右移动数据
SQO, SQC	顺序器输出，顺序器比较	通过屏蔽将 16 位数据传送到映射地址，控制机器顺序操作
SQL	顺序器装入	通过手动控制步进机器的操作顺序来获得参考条件
TDF	时差	以 10μs 为单位计算任何两个捕获的时间标记的时间差
FBC	文件位比较	比较两个不同文件之间的位
DDT	诊断检测	用于监视机器或过程操作以检测故障
RPC	读取程序校验和	将程序校验和（即总和检验码）从处理器内存或内存模块中复制到数据表中

7. ASCII 码指令

ASCII 码指令功能描述如表 6-11 所示。

表 6-11　ASCII 码指令功能描述

助记符	名称	作用
ABL	测试缓冲区的行字符	获取缓冲区中的字符，直到包括用户配置的行尾字符
ACB	缓冲区中的字符数	确定缓冲区中的字符数
ACI	字符串转换为整数	将字符串转换为整数值
ACL	清除缓冲区	清除接收和 / 或发送缓冲区
ACN	连接字符串	将两个字符串合并为一个
AEX	字符串提取	提取字符串的一部分来创建新字符串

（续）

助记符	名称	作用
AHL	握手线	设置或重置调制解调器握手线
AIC	整数转换为字符串	将整数值转换为字符串
ARD	读取 ASCII 字符	从输入缓冲区读取字符并将其放入字符串中
ARL	ASCII 读行	从输入缓冲区读取一行字符，并将其放入字符串中
ASC	搜索字符串	搜索一个字符串
ASR	ASCII 字符串比较	比较两个字符串
AWA	写附加 ASCII 字符串	写一个有用户配置的字符串
AWT	写 ASCII 字符串	写一个字符串

8. 块传送和 PID 指令

块传送和 PID 指令功能描述如表 6-12 所示。

表 6-12　块传送和 PID 指令功能描述

助记符	名称	作用
BTR	块读取	从远程设备接收数据
BTW	块写入	将数据发送到远程设备
PID	比例积分微分	利用闭环系统控制温度、压力、液位或流速等物理特性

9. 中断例程指令

中断例程指令功能描述如表 6-13 所示。

表 6-13　中断例程指令功能描述

助记符	名称	作用
	用户故障例程	提供防止处理器关闭的选项
STI	选择定时中断	允许定期自动中断对主程序文件的扫描，以扫描指定的子程序文件
STD	选择定时无效	禁止 STI 的发生
STE	选择定时有效	允许 STI 的发生
STS	选择定时开始	设置或更改 STI 例程的文件号或设定点频率
DII	开关量输入中断	若开关量输入卡的输入模式与编程的比较值匹配，则允许该过程或执行子例程
ISR	I/O 中断	允许专用 I/O 模块中断正常的处理器操作周期，以便扫描特定的子例程文件
IID	I/O 中断无效	禁止 I/O 中断的发生
IIE	I/O 中断有效	允许 I/O 中断的发生
RPI	重置挂起中断	中止待处理的 I/O 中断
INT	中断子例程	识别中断子例程的可选指令

10. 通信指令

通信指令功能描述如表 6-14 所示。

表 6-14　通信指令功能描述

助记符	名称	作用
SVC	服务通信	中断程序扫描以执行操作周期的服务通信部分
MSG	消息读取 / 写入	将数据从网络上的一个节点传输到另一个节点
CEM	ControlNet 显式消息	通过 1747-SCNR 向其他 ControlNet 节点发送 CIP 通用命令
DEM	DeviceNet 显式消息	通过 1747-SDN 向其他 DeviceNet 节点发送 CIP 通用命令
EEM	以太网 /IP 显式消息	通过通道 1 向其他的以太网 / IP 节点发送 CIP 通用命令

有关详细信息，请参见 " Allen-Bradley Instruction Set Reference Manual 1747-
rm001_-en-p"。

6.1.4　使用 RSLogix 500 启动和编辑项目

艾伦 – 布拉德利的 RSLogix 500 软件安装在 RSLogix
500 下的 Rockwell Software 文件夹中。它也可以作为快捷
方式出现在桌面上，如图 6-11 所示。截至 2017 年 6 月，
其最新版本为 11.0 版。

RSLogix 500 程序的扩展名为 .RSS，双击文件也会打开
编程软件。当第一次打开该软件时，其界面如图 6-12 所示。

图 6-11　RSLogix 500
软件快捷图标

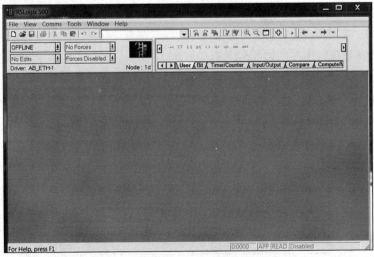

图 6-12　RSLogix 500 软件编程界面

1. 创建项目

创建一个新项目，请在"文件"（File）菜单选项下选择"新建"（New）。出现的第一个窗口将要求使用者选择并命名处理器，如图 6-13 所示。处理器名称最多只能包含 8 个字符。典型名称可以包含机器或系统的缩写或编号，例如"PNTLINE"（Paint Line）和"RLMILL42"（Roll Mill 42)等。

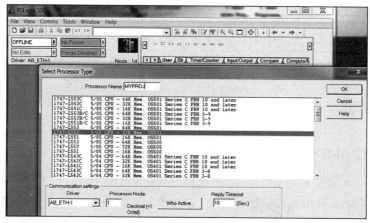

图 6-13　创建项目——选择处理器

该窗口上还会显示一个通信设置对话框。不用急于设置它，稍后将使用 RSLinx 通信软件完成此操作。

只有选择了硬件平台，软件才知道如何设置数据表和属性。请务必注意，固件版本号（FRN）的选择是硬件选择过程的一部分。

最初，项目将以处理器的名称保存。选择另存为（Save As）将允许使用者用日期和其他标题进行保存，如图 6-14 所示。

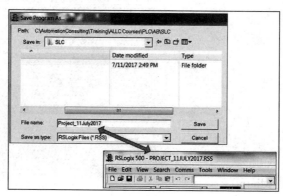

图 6-14　另存文件界面

创建项目后，将显示编程环境，如图 6-15 所示。左侧区域是要添加到项目中的大多数项目所在的位置。使用者要完成的第一个任务是配置 I/O。

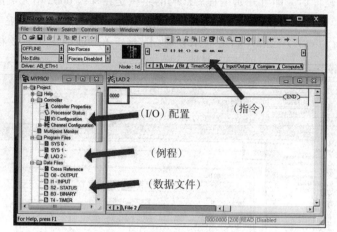

图 6-15　编程环境

2. 硬件配置

双击 I/O 配置图标将打开一个选择窗口（见图 6-16），其中包含所有不同类型的可用 I/O。这也是选择机架尺寸的地方。

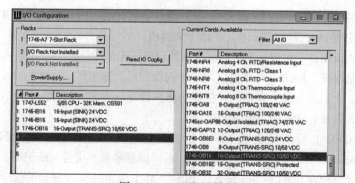

图 6-16　I/O 配置界面

SLC 处理器始终位于机架左侧电源旁边的 0 号插槽中。注意，一定要选择电源按钮。

许多 MicroLogix 项目的配置类似，但有些项目可能具有与处理器集成在一起的 I/O。另外，某些 MicroLogix PLC 采用"无机架"设计，允许 I/O 模块从侧面插入，随时构建背板。

3. 编写程序

配置好硬件后，即可开始编程。代码的组织是在梯级 0002 中完成的，它被指定首先运行。当首次创建程序时，将自动创建主例程 LAD2。通过右键单击程序文件（Program Files）并选择"新建"（New）（见图 6-17），可以创建其他子程序。

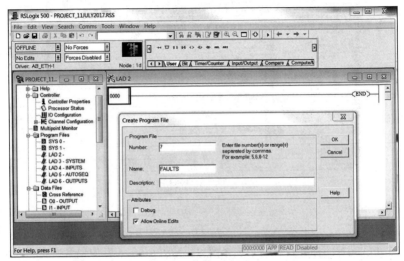

图 6-17 "新建"程序界面

例程的编号为 2 ～ 255（最大）。唯一能自动运行的例程是 LAD 2，其他所有例程都需要使用 JSR（跳转到子程序）指令来调用。

如果不调用该子例程，则该例程里面的代码将无法运行！

通常情况下，LAD 2 几乎仅仅用于子例程调用。请注意，梯级中 JSR 指令前面没有触点，它们是无条件调用的。依据功能将程序分成多个部分，以便后面轻松地使用它们，这种方式有助于组织编程。

梯级 0003 上的小写字母"e"（见图 6-18）表示正在编辑中。可以从指令（Instructions）一节的选项卡中选择指令，也可以在梯级开头键入助记符。在这种情况下，将光标放在 0003 标签上键入"JSR"，将出现如图 6-19 所示的指令对话框。

可以通过右键单击数据文件（Data Files）文件夹，并选择"新建"（New）来添加数据文件。在下一节有关存储寄存器的部分将会说明，可以根据需要添加不同类型的数据寄存器。输入和输出寄存器是根据硬件选择自动创建的，而 B3-F8 是通过程序创建的。有关这些寄存器的重要说明：在创建程序时，每个寄存器仅包含一个元素；使用者需要进入寄存器并编辑元素（Elements）字段来调整寄存器大小，最多可指定 255 个元素，但内存受所选处理器的限制。

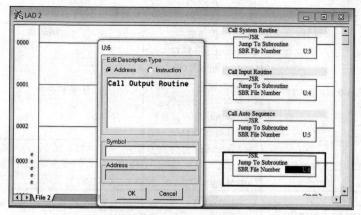

图 6-18　编辑跳转界面

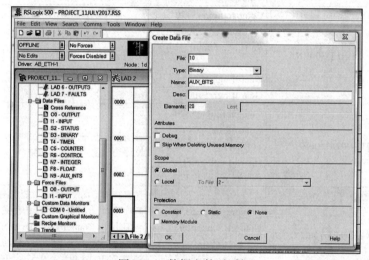

图 6-19　数据文件对话框

6.2　CompactLogix 和 ControlLogix 系列

6.2.1　CompactLogix 和 ControlLogix 平台

　　20 版本之前，艾伦 – 布拉德利的 CompactLogix 和 ControlLogix 编程软件被命名为 RSLogix5000。从 20.011 版（大约 2014 年）开始，该软件被更名为 Studio 5000 Logix Designer。较旧的 RSLogix 5000 不支持许多较新的产品。CompactLogix 和 ControlLogix 系列控制器的版本描述如表 6-15 所示。

表 6-15　CompactLogix 和 ControlLogix 系列控制器的版本描述

名称	目录号	控制器	描述
服务版	9324-RLD000ENE	CompactLogix5370 ControlLogix5500 SoftLogix5800 Compact GuardLogix5300 GuardLogix5500	仅上传 / 下载和查看
迷你版	9324-RLD200ENE	CompactLogix5370 Compact GuardLogix5300	完全支持梯形图（LD）。不支持功能框图（FBD）、顺序功能图（SFC）和结构化文本（ST）
精简版	9324-RLD250ENE	CompactLogix5370 Compact GuardLogix5300	支持梯形图（LD）、功能框图（FBD）、顺序功能图（SFC）和结构化文本（ST）
标准版	9324-RLD300ENE	CompactLogix5370 ControlLogix5500 SoftLogix5800 Compact GuardLogix5300 GuardLogix5500	完全支持梯形图（LD）。不支持功能框图（FBD）、顺序功能图（SFC）和结构化文本（ST）
完整版	9324-RLD600ENE	CompactLogix5370 ControlLogix5500 SoftLogix5800 Compact Guard Logix5300 GuardLogix5500	支持梯形图（LD）、功能框图（FBD）、顺序功能图（SFC）和结构化文本（ST）
专业版	9324-RLD700NXENE	CompactLogix5370 ControlLogix5500 SoftLogix5800 GuardLogix5500	支持梯形图（LD）、功能框图（FBD）、顺序功能图（SFC）和结构化文本（ST），包括用于 ControlNet、DeviceNet、以太网 / IP（9357-CNETL3、9357-DNETL3、9357-ENETL3 单独或 9357-ANETL3 组合）的 RSNetWorx，以及 RSLogix Emulate 5000

1. 1769 CompactLogix 5370 控制器

软件：

RSLogix 5000 或 Studio 5000，标准版、迷你版或精简版。

型号：

5370 L3（见图 6-20）：最多 960 个 I/O 端子、3MB 用户内存，最大运动位置轴数是 16，使用 1769 紧凑型 I/O。

5370 L2（见图 6-21）：最多 160 个 I/O 端子，1MB 用户内存，最大运动驱动轴数是 4, 使用 1769 紧凑型 I/O。

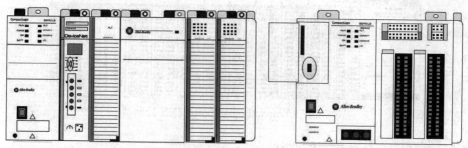

图 6-20 CompactLogix 5370 L3 控制器   图 6-21 CompactLogix 5370 L2 控制器

5370 L1（见图 6-22）：最多 96 个 I/O 端子，1MB 用户内存，最大运动驱动轴数是 2，使用 1734 POINT I/O，具有嵌入式电源和 I/O。

紧凑型 GuardLogix 5370（见图 6-23）：最多 960 个 I/O 端子，用户内存为标准的 1MB、2MB 或 3MB，以及安全的 0.5MB、1MB 或 1.5MB。运动驱动轴数为 4 个、8 个或 16 个。使用 1769 紧凑型 I/O。拥有多达 30 个扩展模块。

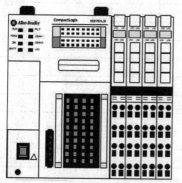 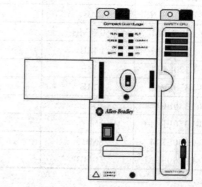

图 6-22 CompactLogix 5370 L1 控制器   图 6-23 CompactLogix 5370 紧凑型控制器

2. 5069 CompactLogix 5380 控制器

软件：

Studio 5000 Logix Designer，标准版、微型版或精简版。

型号：

5069-L3XX 控制器（见图 6-24）支持高速 I/O、运动控制、双重可配置以太网端口，这些以太网端口允许有双重 IP 地址，增强了诊断和故障排除功能。以太网 / IP 上的集成运动驱动轴数最多可支持 32 个，这具体取决于型号。

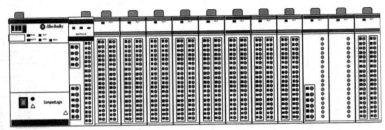

图 6-24 CompactLogix 5069-L3XX 控制器

其控制器配置如表 6-16 所示。

表 6-16 5069-L3XX 系列控制器配置

目录号	应用存储	I/O 扩展	以太网节点数	运动驱动轴数
5069-L306ER	0.6 MB	8	16	0
5069-L310ER	1 MB	8	24	0
5069-L320ER	2 MB	16	40	0
5069-L330ER	3 MB	31	50	0
5069-L340ER	4 MB	31	55	0
5069-L310ER-NSE	1MB	8	24	0
5069-L306ERM	0.6 MB	8	16	2
5069-L310ERM	1 MB	8	24	4
5069-L320ERM	2 MB	16	40	8
5069-L330ERM	3 MB	31	50	16
5069-L340ERM	4 MB	31	55	20
5069-L350ERM	5MB	31	60	24
5069-L380ERM	8MB	31	70	28
5069-L3100ERM	10MB	31	80	32

3. 5069 CompactLogix 5480 控制器

软件：

Studio 5000 Logix Designer，30 版本，于 2017 年推出。

型号：

5069-L4XX（见图 6-25）基于 Logix 的实时控制器，可在 Windows 10 IOT 企业版上运行。支持高速 I/O、运动控制、设备级环形 / 线性拓扑结构。包括三个千兆级以太网 /IP 接口：其中两个是可配置接口，一个是专用的商用操作系统（OS）网络接口。包括用于高清晰度监视器连接的集成显示接口、增强的安全功能，以及用于操作系统外围设备和扩展的数据存储功能的两个 USB 3.0 接口。支持多达 31 个本地 Bulletin 5069 紧凑型 I/O 模块。

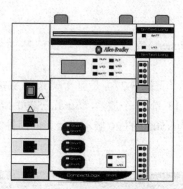

图 6-25　CompactLogix 5069-L4XX 控制器

4. 1768 CompactLogix L4x 和 L4xS 控制器

软件:

Studio 5000 Logix Designer,标准版、微型版或精简版。

型号:

1768-L4x（见图 6-26）控制器结合了 1768 背板和 1769 背板。1768 背板支持 1768 控制器、1768 电源和最多 4 个 1768 模块。1769 背板最多支持 16 个 1769 模块。所有控制器均具有以太网 /IP 和 RS-232。内存配置如表 6-17 所示。

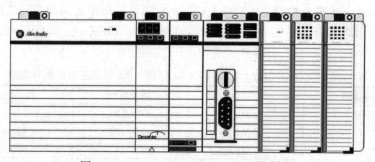

图 6-26　CompactLogix 1768-L4x 控制器

表 6-17　1768-L4x 系列控制器内存配置

目录编号	用户存储
1768-L43	2MB
1768-L43S	2MB+0.5MB（安全）
1768-L45	3MB
1768-L45S	3MB+1MB（安全）

5. ControlLogix 5570 和 5580 控制器

软件：

Studio 5000 Logix Designer，支持梯形图、功能框图、结构化文本和顺序功能图。

型号：

1756-L7X、1756-L8X（见图 6-27）是基于机架的系统，适用于较大项目。机架大小可以有 4、7、10、13 和 17 个插槽。Studio 5000 Logix Designer 发布后不支持 1756-L6X 系列。RSLogix5000 的 20 版本是最新的固件版本。内存配置如表 6-18 所示。

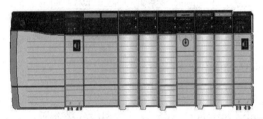

图 6-27　ControlLogix1756-L7X 和 1756-L8X 控制器

L7X 系列有一个 USB 端口，而 L8X 系列有一个额外的 1GB 以太网端口。字母数字显示屏显示处理器状态和名称。支持以太网 /IP 上的集成运动、完全控制器冗余和带电插拔。

GuardLogix 安全控制器（1756-LXX-S）在同一机架中提供安全和集成运动，而极限环境控制器（1756-LXX-XT）允许在 −25 ～ 70℃或 −13 ～ 158 ℉的范围内运行。

表 6-18　Control Logix 1756-L7X 和 1756-L8X 系列控制器内存配置

目录编号	用户存储	目录编号	用户存储
1756-L71	2 MB	1756-L81	3 MB
1756-L72	4 MB	1756-L82	5 MB
1756-L73	8 MB	1756-L83	10 MB
1756-L74	16 MB	1756-L84	20 MB
1756-L75	32 MB	1756-L85	40 MB

6.2.2　CompactLogix 和 ControlLogix 指令

1. 基本指令

基本指令功能描述如表 6-19 所示。

表 6-19　基本指令功能描述

助记符	名称	作用
XIC	检查是否闭合	对某一位进行 ON 状态检查
XIO	检查是否断开	对某一位进行 OFF 状态检查
OTE	输出激励	将某一位置于 ON 或 OFF
OTL	输出锁存	OTL 所在梯级为真时，将寻址位设置为 ON，而且该位状态保持不变，直到该位解锁或清除寄存器为止
OTU	输出解锁存	OUT 所在梯级为真时，将寻址位重置为 OFF
OSR	上升沿触发一次响应	当 OSR 所在梯级由假变真时，输出位产生一个扫描周期正脉冲信号
OSF	下降沿触发一次响应	当 OSF 所在梯级由真变假化时，输出位产生一个扫描周期正脉冲信号
ONS	一次响应（上升沿）	同 OSR
TON	通电延时定时器	当指令所在梯级为真时，以时间基为单位开始计时，计时到，输出动作
TOF	断电延时定时器	当指令所在梯级为假时，以时间基为单位开始计时，计时到，输出动作
RTO	保持型定时器	当通电指令为真时，以时间基为单位开始计时，当指令变为假时累积值保持不变
CTU	加计数器	每次从假变为真时累加值增加，并在指令变为假或重新通电时累加值保持不变
CTD	减计数器	每次从真到假时累加值减小，并在指令变为假或重新通电时累加值保持不变
HSC	高速计数器	对固定控制器高速输入端的高速脉冲进行计数
RES	重置	重置定时器或计数器的累加值和状态位。请勿与 TOF 计时器一起使用

2. 比较指令

比较指令功能描述如表 6-20 所示。

表 6-20　比较指令功能描述

助记符	名称	作用
EQU	等于	测试两个值是否相等
NEQ	不等于	测试两个值是否不相等
LES	小于	测试一个值是否小于另一个值
LEQ	小于或等于	测试一个值是否小于或等于另一个值
GRT	大于	测试一个值是否大于另一个值
GEQ	大于或等于	测试一个值是否大于或等于另一个值
MEQ	屏蔽等于	测试通过屏蔽的源值与比较值是否相等
LIM	极限比较	测试一个值是否在其他两个值的范围内

3. 数学指令

数学指令功能描述如表 6-21 所示。

表 6-21　数学指令功能描述

助记符	名称	作用
ADD	加	将源 A 与源 B 相加，并将结果存储到目的单元内
SUB	减	将源 A 减去源 B，并将结果存储到目的单元内
MUL	乘	将源 A 与源 B 相乘，并将结果存储到目的单元内
DIV	除	将源 A 除以源 B，并将结果存储到目的单元内
DDV	双字除	将算术寄存器的常数除以源，然后将结果存储到目的单元和算术寄存器中
CLR	清零	将一个字的所有位设置为零
SQR	平方根	计算源的平方根整数，并将结果放到目的单元内
SCP	参数整定	产生一个整定输出值，该输出值在输入值和整定值之间具有线性关系
SCL	数据整定	将源乘以一个特定比例（比率），加上一个偏移量，并将结果存储到目的单元内
RMP	斜率	提供创建线性加速、减速和 S 形曲线斜坡输出数据波形的能力
ABS	绝对值	计算源的绝对值（正值），并将结果存放到目的单元内
CPT	计算	计算一个表达式的值，并将结果存放到目的单元内
SWP	交换	交换一个位、整数、ASCII 码或字符串文件中指定字数的低位和高位字节
COS	余弦	求取一个数的余弦值，并将结果存储到目的单元内
SIN	正弦	求取一个数的正弦值，并将结果存储到目的单元内
TAN	正切	求取一个数的正切值，并将结果存储到目的单元内
ASN	反正弦	求取一个数的反正弦值，并将结果（以弧度表示）存储到目的单元内
ACS	反余弦	求取一个数的反余弦值，并将结果（以弧度表示）存储到目的单元内
ATN	反正切	求取一个数的反正切值，并将结果（以弧度表示）存储到目的单元内
LN	自然对数	求取一个数的自然对数值，并将结果存储到目的单元内
LOG	以 10 为底的对数	求取一个数以 10 为底的对数值，并将结果存储到目的单元内

4. 数据处理指令

数据处理指令的功能描述如表 6-22 所示。

表 6-22   数据处理指令功能描述

助记符	名称	作用
TOD	整数转换成 BCD 码	将整数源值转换为 BCD 码格式,并将其存储到目的单元中
FRD	BCD 码转换成整数	将 BCD 码格式的源值转换为整数,并将其存储到目的单元中
DEG	弧度转换为度	将弧度(源)转换为度,并将结果存储到目的单元中的相应位
RAD	度转换为弧度	将度(源)转换为弧度,并将结果存储到目的单元中
DCD	4-1 译码器	译码一个 4 位的值(0 ~ 15),对应到 16 位目的单元的相应位
ENC	1-4 编码器	将一个 16 位源值编码为一个 4 位数值。从最低位到最高位搜索源值,寻找第一个置位位。相应位的位置将作为整数写到目的单元中
COP	复制文件	将数据从源文件拷贝到目的文件
FLL	填充文件	将源值加载到目的文件中的每个位置
MOV	传送	传送源值到目的单元中
MVM	屏蔽传送	传送源值被选择的部分到目的单元中
AND	逻辑与	执行一个按位逻辑与操作
OR	逻辑或	执行一个按位逻辑或操作
XOR	逻辑异或	执行一个按位逻辑异或操作
NOT	逻辑非	执行一个按位逻辑非运算
NEG	取反	更改源值的符号,并存放到目的单元中
FFL	FIFO 装入	在每次梯级从假转换到真时,将一个字加载到 FIFO(先进先出)堆栈中。加载的第一个字是第一个要卸载的字
FFU	FIFO 卸出	在每次梯级从假转换到真时,从 FIFO(先进先出)堆栈中卸出一个字。先加载的字先被卸出
LFL	LIFO 装入	在每次梯级从假转换到真时,将一个字加载到 LIFO(后进先出)堆栈中。后加载的字先被卸出
LFU	LIFO 卸出	在每次梯级从假转换到真时,从 LIFO(后进先出)堆栈中卸出一个字。加载的最后一个字是第一个要卸出的字

5. 程序流程指令

程序流程指令功能描述如表 6-23 所示。

表 6-23   程序流程指令功能描述

助记符	名称	作用
JMP, LBL	跳转和标号	向前或向后跳转到指定的"标号"指令
JSR	跳转到子程序	跳转到指定的子程序或梯形图
SBR	子程序	指定子程序或梯形图的开始位置
RET	返回	从子程序返回到调用它的位置
MCR	主控重置	将部分梯形图中的所有非保持型输出重置

(续)

助记符	名称	作用
TND	暂停	标记一个中断位置，暂停程序执行
SUS	中断	获取程序调试和系统故障排除的特定条件
IIM	带屏蔽的立即输入	使用屏蔽对输入即时更新
IOM	带屏蔽的立即输出	使用屏蔽对输出即时更新
REF	刷新	中断程序扫描以更新 I/O 和服务通信

6. 具体应用指令

具体应用指令功能描述如表 6-24 所示。

表 6-24　具体应用指令功能描述

助记符	名称	作用
BSL, BSR	位左移或右移	将移动数据位移入一个位数组中，数据在数组中移动，并移出数组中的最后一位。BSL 将数据向左移动，而 BSR 将向右移动数据
SQO, SQC	顺序器输出，顺序器比较	通过屏蔽将 16 位数据传输到映射地址，控制机器顺序操作
SQL	顺序器装入	通过手动控制步进机器的操作顺序来获得参考条件
TDF	时差	以 10μs 为单位计算任何两个捕获的时间标记的时间差
FBC	文件位比较	比较两个不同文件之间的位
DDT	诊断检测	用于监视机器或过程操作以检测故障
RPC	读取程序校验和	将程序校验和（即总和检验码）从处理器内存或内存模块中复制到数据表中

7. ASCII 码指令

ASCII 码指令功能描述如表 6-25 所示。

表 6-25　ASCII 码指令功能描述

助记符	名称	作用
ABL	测试缓冲区行字符	获取缓冲区中的字符，直到包括用户配置的行尾字符
ACB	缓冲区中的字符数	确定缓冲区中的字符数
ACI	字符串转换为整数	将字符串转换为整数值
ACL	清除缓冲区	清除接收和 / 或发送缓冲区
ACN	连接字符串	将两个字符串合并为一个
AEX	字符串提取	提取字符串的一部分来创建新字符串
AHL	握手线	设置或重置调制解调器握手线

（续）

助记符	名称	作用
AIC	整数转换为字符串	将整数值转换为字符串
ARD	读取 ASCII 字符	从输入缓冲区读取字符并将其放入字符串中
ARL	ASCII 读行	从输入缓冲区读取一行字符，并将其放入字符串中
ASC	搜索字符串	搜索一个字符串
ASR	ASCII 字符串比较	比较两个字符串
AWA	写附加 ASCII 字符串	写一个有用户配置的字符串
AWT	写 ASCII 字符串	写一个字符串

8. 块传输和 PID 指令

块传输和 PID 指令功能描述如表 6-26 所示。

表 6-26　块传输和 PID 指令功能描述

助记符	名称	作用
BTR	块读取	从远程设备接收数据
BTW	块写入	将数据发送到远程设备
PID	比例积分微分	利用闭环系统控制温度、压力、液位或流速等物理特性

9. 中断例程指令

中断例程指令功能描述如表 6-27 所示。

表 6-27　中断例程指令功能描述

助记符	名称	作用
	用户故障例程	提供防止处理器关闭的选项
STI	选择定时中断	允许定期自动中断对主程序文件的扫描，以扫描指定的子程序文件
STD	选择定时无效	禁止 STI 的发生
STE	选择定时有效	允许 STI 的发生
STS	选择定时开始	设置或更改 STI 例程的文件号或设定点频率
DII	开关量输入中断	若开关量输入卡的输入模式与编程的比较值匹配，则允许该过程或执行子例程
ISR	I/O 中断	允许专用 I/O 模块中断正常的处理器操作周期，以便扫描特定的子例程文件
IID	I/O 中断无效	禁止 I/O 中断的发生
IIE	I/O 中断有效	允许 I/O 中断的发生
RPI	重置挂起中断	中止待处理的 I/O 中断
INT	中断子例程	识别中断子例程的可选指令

10. 通信指令

通信指令功能描述如表 6-28 所示。

表 6-28 通信指令功能描述

助记符	名称	作用
SVC	服务通信	中断程序扫描以执行操作周期的服务通信部分
MSG	消息读取 / 写入	将数据从网络上的一个节点传输到另一个节点
CEM	ControlNet 显式消息	通过 1747-SCNR 向其他 ControlNet 节点发送 CIP 通用命令
DEM	DeciceNet 显式消息	通过 1747-SDN 向其他 DeviceNet 节点发送 CIP 通用命令
EEM	以太网 /IP 显式消息	通过通道 1 向其他的以太网 / IP 节点发送 CIP 通用命令

有关详细信息，请参见 "Allen-Bradley Instruction Set Reference Manual 1747-rm001_-en-p"。

6.2.3 使用 RSLogix 5000 启动和编辑项目

无论使用 RSLogix 5000（版本 19 及更旧版本）还是 Studio 5000 Logix Designer（版本 20.011 及更新版本），软件都安装在 Rockwell 软件文件夹中。桌面上也可能有快捷图标，如图 6-28 所示。

图 6-28 RSLogix 5000 和 Studio 5000 的快捷图标

双击其中一个图标将打开软件环境。这两个版本只能用于在其范围内创建的项目，因此注意要提前了解 PLC 控制器的固件。如果打开现有项目，软件将自动选择正确的版本。

Studio 5000 软件 "Logix Designer" 的编程环境如图 6-29 所示，图 6-30 所示是 "RSLogix 5000" 的软件环境。

图 6-29 Logix Designer 编程环境

1. 创建项目

　　要启动一个新项目，需要选择并命名一个控制器。通过 "文件"（File）菜单完成。选择 "新建"（New）后，会出现如图 6-30 所示界面。

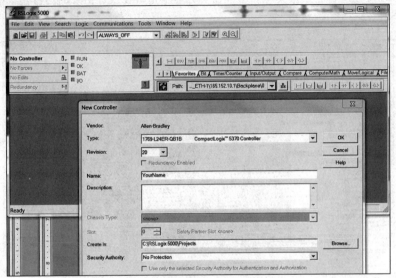

图 6-30　RSLogix 5000 新建界面

　　选择处理器和固件版本，并键入希望使用的名称，通常是对使用者所控制的机器的描述，例如 " BearingPress03" 或 " Line2_Control"。对于这门课程，你可以使用自己的名字。

　　输入处理器名称后，按 "确定"（OK）按钮。此时是项目的实际创建时间。项目保存在默认位置 RSLogix 5000 文件夹中。如果想把它放在自己指定的位置，按 "浏览"（Browse）按钮。

　　首次创建项目时，它将保存在以处理器为名称的文件下。常常需要保存带有嵌入日期的项目副本，如图 6-31 所示。这一步完成后，标题将显示保存在文件名中的处理器名称。

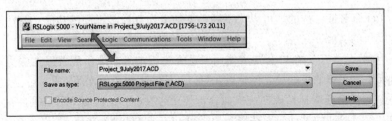

图 6-31　保存项目文件界面

创建项目后，就可以配置硬件，然后开始设计和编程。图 6-32 显示了编程环境的不同区域。在左侧的控制管理器（Controller Organizer）中，可以找到项目的所有不同组件。在这里，可以创建新的例程和程序、创建标签、配置硬件和以太网通信网络，以及创建新的数据类型。管理器上方显示是否在线、所处的运行模式或处理器是否有故障。

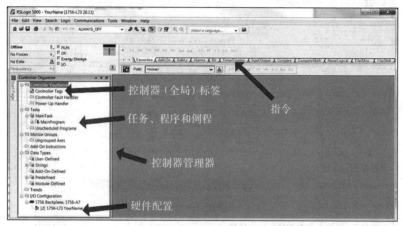

图 6-32　编程环境的不同区域

如果在线编辑，定期检查处理器状态很重要；如果是在离线状态下完成编辑，则必须下载到处理器。

离线时，状态区域中的项目将显示为灰色。在线状态如图 6-33 所示。

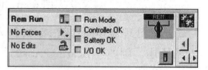

图 6-33　在线状态

2. 配置硬件

右键单击背板图标将允许为系统选择模块。图 6-34 中，处理器被放置在插槽 2 中；ControlLogix 平台允许将处理器放置在任何插槽中，甚至可以使用多个处理器。

为 I/O 命名是可选的。可以为不同类型的卡配置许多不同的功能。请注意要查看特定模块的文档。

"选择模块类型"窗口会要求使用者选择主版本号。由于配置后无法更改，因此要确保输入正确的版本号。创建后，可以在线或离线更改次版本号。

电子键控选项包括精确匹配、兼容键控（见图 6-35，次版本号必须匹配）和禁用键控。经过验证的软件必须选择完全匹配（Exact Match）选项。

图 6-34   配置硬件界面

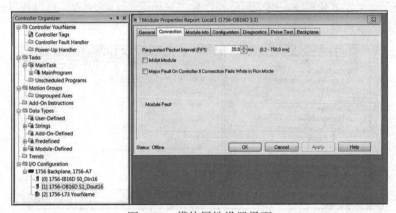

图 6-35   模块属性设置界面

创建模块后，将打开属性窗口。在这里可以更改各种设置，但所有属性窗口都具有请求的数据包间隔（RPI）设置。本书的 3.2.1 节对该设置和 PLC 如何扫描进行了说明。

CompactLogix 处理器通常具有内置的 I/O（见图 6-36），因此可能不需要添加 I/O 模块。右键单击 I/O 配置中的对象，并选择"属性"（Properties）对其进行配置。

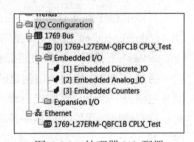

图 6-36   处理器 I/O 配置

3. 编写程序

（1）任务、程序和例程

配置好硬件后，就可以开始编程了。代码的组织是连续的，它在主任务中完成。

只能有一个连续任务，但也可以添加其他周期性任务或事件任务。连续任务按本书
4.2.1 节所述运行。

任务可以包含多个程序，这些程序又包含若干例程。创建项目时，将生成一个
"主程序"（Main Program），其中包含一个"主例程"（Main Routine）。通过右键单击
主任务（Main Task）文件夹并选择"新建"（New）来添加程序，通过右键单击程序
来添加例程。

每个程序都包含自己的程序标签，这些标签是其内部例程的本地标记。有关此
主题的更多信息将在下一节中介绍。

在每个程序中，需要指定一个例程先运行。这是在选择程序的"属性"（Properties）
后在对话框中完成的，如图 6-37 所示。最初，默认情况下"主例程"以这种方式配
置，但是如果添加新程序，则必须选择作为"Main"运行的例程。可以按自己希望
的名称命名该例程。

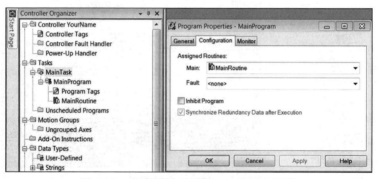

图 6-37　程序属性对话框——设置主程序

当添加程序到主任务时，可以安排它们以任何顺序运行。这是在程序进程表
（Program Schedule）选项卡（见图 6-38）下完成的，该选项卡可以在任务的"属性"
（Properties）下找到。程序也可以在进程表之外，这意味着它们根本不运行。

通过右键单击想要调用例程的程序并选择"新建"（New）来添加例程。例程必
须从主例程中调用，否则代码将无法执行。它们不是按照被调用的顺序列出的，因
此，最好确保例程按字母顺序排列，这样程序员就可以很容易地看到执行顺序，如
图 6-39 所示。

例程通常被无条件地调用，也就是说，在 JSR（跳转到子例程）指令之前没有
任何触点。图 6-40 显示了一个无条件调用的典型主例程，以及一个用于清除数据
（图 6-40 中黄色突显指令）的条件 JSR。请注意，这些例程是按字母顺序命名的。
名为 MainRoutine 和 SystemRoutine 的例程有一个小的"1"，并显示在列表的顶部，
这是因为它们在程序属性中被配置为"Main"。

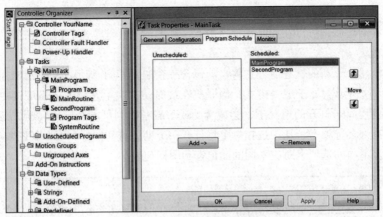

图 6-38 任务属性对话框

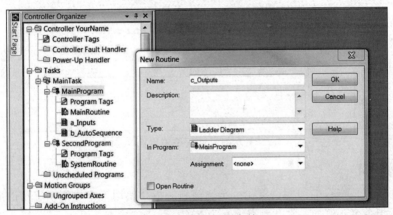

图 6-39 程序调用顺序管理

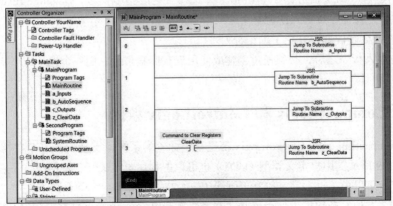

图 6-40 典型主例程(见彩插)

（2）编辑梯形图中的例程

例程创建后，可以在控制管理器中双击其图标或右键单击后选择"打开"（Open）进行编辑。

当创建一个新的例程后，它将自动包含一个如图 6-41 所示的初始逻辑梯级，小写"e"这表示它处于编辑模式；当联机在线时，这表示它目前还不可接受。在创建的新例程尚未打开的情况下，尝试接受或下载程序则可能会导致问题。在编辑窗口顶部有许多选项卡，从中选择一个将打开一个助记符和图标列表，如图 6-41 左上角所示。不同的选项卡对应不同的助记符和图标列表。

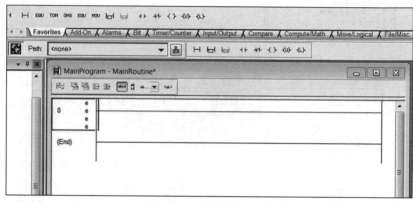

图 6-41　例程编辑界面

（3）助记符

助记符是指令的缩写。艾伦 – 布拉德利的指令使用三个或四个字母的助记符来表示指令名。例如，常开触点缩写为 XIC，代表"检查是否闭合"。输入这些缩写是创建指令的快捷方式，右击指令并选择"更改指令类型"（Change Instruction Type）将允许程序员键入助记符来替换指令。

在 PLC 硬件部分介绍了助记符列表。

在插入指令之后，必须通过创建或使用现有标签来给它们一个地址或名字。

6.3　CompactLogix 和 ControlLogix 数据

CompactLogix 和 ControlLogix 都是基于标签的系统，支持所有 IEC 数据类型，如表 6-29 所示。用户定义类型（UDT）也可以由程序员定义。标签的长度不超过 40 个字符，可以由字母数字字符和下画线（_）字符组成。

许多其他复杂数据类型由这些"基本"类型组成。数组也最多支持三个维度。

表 6-29　CompactLogix 和 ControlLogix 数据类型

数据类型	名称	描述
BOOL	布尔型	1 位 0 或 1 元素
SINT	单整数	8 位或 1 字节
INT	整数	16 位，或 1 个字
DINT	双整数	32 位，或 1 个双字
REAL	实数或浮点数	32 位浮点数

　　ControlLogix 平台在"生产者 – 消费者"对象模型上运行，其中控制器和其他物理对象（例如 I/O 模块）根据一个时间进度表（称为 RPI，或"请求信息包间隔"）生成和使用信息。从其他基于 Controllogix 的系统发送和接收的标签也可以遵循此协议。

　　较旧的 PLC 平台，如 PLC 5 和 SLC 500，使用与寄存器相对应的数字地址，还使用了 PLC 处理器或程序状态的附加寄存器。对于这些 PLC，地址按地址类型（位、整数或实数 / 浮点）进行分类。定时器、计数器和更复杂指令的控制字也有自己的寄存器。

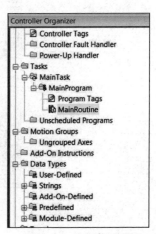

　　标签可以按照程序员的意愿命名。标签仍然指向内存地址寄存器，但是用户不需要知道寄存器的位置，他们只需要知道标签代表什么类型的数据。

　　除了简单的数据类型外，更复杂的数据类型，如定时器和计数器，也由列出的数据类型组成。图 6-42 显示了包含所有不同数据类型的控制管理器部分；标有"预定义"（Predefined）的文件夹包含艾伦 – 布拉德利所有基于指令的数据类型。模块定义（Module-Defined）文件夹包含 I/O 模块的所有数据结构，而字符串（Strings）文件夹包含大小不同的字符串（文本）数组。用户定义和 Add-On 定义的标签由程序员创建。

图 6-42　控制管理器

6.3.1　数组

　　数组是一组具有相似数据类型的元素的集合。如果需要 10 个浮点数或实数，可以创建一个数组，如图 6-43 所示。

　　在字段中键入标签的名称后，可以通过使用下拉菜单或键入数据类型来选择数据类型。在维度字段中输入一个或多个数字可以一次创建该数量的标签。如果按下 OK 按钮，名为"Drive_Speeds"的标签将包含 10 个实数。标签将命名为 Drive_Speed[0]、Drive_Speed[1] 等，直至 Drive_Speed[9]。

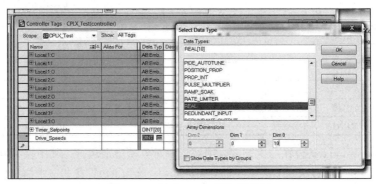

图 6-43　创建 10 个实数的数组

多维数组可以用于物理对象。例如，如果获取许多盒子中的物品数量很重要，那么就可以创建一个具有三个维度（见图 6-44）的标签，每个维度分别代表级别、列和行。特别注意要记住名称表示哪个维度方向。

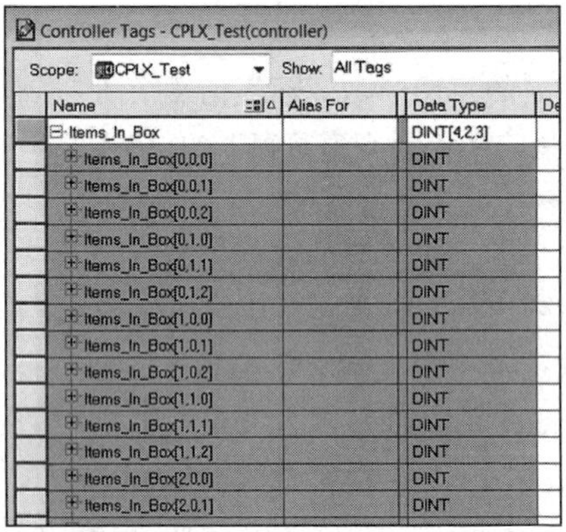

图 6-44　三维数组

6.3.2　用户定义数据类型

用户定义的数据类型（UDT）可用于创建表示对象（例如配方、制造商的产品）或设备（例如变频器）的数组，如图 6-45 所示。

要创建 UDT，请右键单击控制管理器的数据类型（Data Types）中的用户定义（User-Defined）文件夹。在表单中键入项目的方式与创建新标签的方式非常相似。

请注意，在图 6-46 中，UDT 本身不是标签；相反，新创建的标签使用 UDT 作为其数据引用。保存 UDT 之后，它的名称可作为数据类型。注释在描述（Description）中表示，UDT 可以创建为数组。

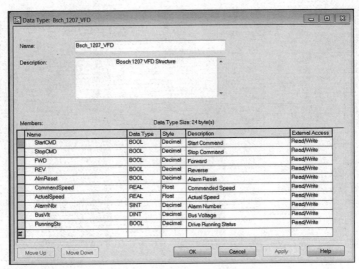

图 6-45　用户定义数据类型

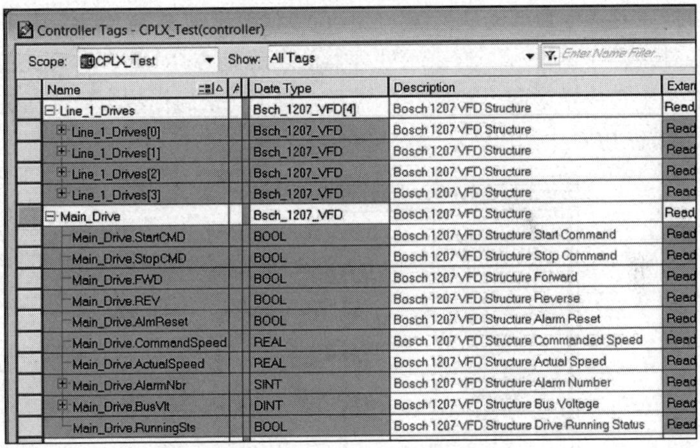

图 6-46　UDT 数组

6.3.3　全局标签

　　现在的 Allen-Bradley 不是像旧的那样从寄存器中选择地址，而是创建一个类似于图 6-47 的数据库。

　　请注意，这些标签名称的描述不是很好，它们有一个别名（Alias For）列，其中包含寄存器类型的地址。标签名称源自 P&ID 符号，别名来自另一个 Allen-Bradley PLC 平台 RSLogix500。

Name	Alias For	Data Ty	Description	External Ac	Constant	Style
ISB_060_S26	B250[53].9	BOOL	Virtual GS Switch	Read/Write	☐	Decimal
ISB_060_S27	B250[53].10	BOOL	Virtual GS Switch	Read/Write	☐	Decimal
ISB_060_S28	B250[53].11	BOOL	Virtual GS Switch	Read/Write	☐	Decimal
ISB_060_S29	B250[53].12	BOOL	Virtual GS Switch	Read/Write	☐	Decimal
ISB_060_S30	B250[53].13	BOOL	Virtual GS Switch	Read/Write	☐	Decimal
ISB_060_S31	B250[53].14	BOOL	Virtual GS Switch	Read/Write	☐	Decimal
ISB_060_S32	B250[53].15	BOOL	Virtual GS Switch	Read/Write	☐	Decimal
ISB_060_S301	B250[50].0	BOOL	Selector Switch from Forces	Read/Write	☐	Decimal
IW_020_LT11	F251[8]	REAL	Level Transmitter 020_LT11	Read/Write	☐	Float
IW_020_LT21	F251[9]	REAL	Level Transmitter 020_LT21	Read/Write	☐	Float
IW_050_FT01	F251[14]	REAL	Flow Transmitter 050_FT01	Read/Write	☐	Float
⊞ IW_050_FT01_TOTAL	N167[53]	INT	050 FT01 Volume Totalizado	Read/Write	☐	Decimal
IW_051_FT01	F251[15]	REAL	Flow Transmitter 051_FT01	Read/Write	☐	Float
⊞ IW_051_FT01_TOTAL	N167[54]	INT	051 FT01 Volume Totalizado	Read/Write	☐	Decimal
IW_060_FT51	F251[16]	REAL	Flow Transmitter 060_FT51	Read/Write	☐	Float
⊞ IW_060_FT51_TOTAL	N167[50]	INT	060 FT51 Volume Totalizado	Read/Write	☐	Decimal
IW_060_FT52	F251[17]	REAL	Flow Transmitter 060_FT52	Read/Write	☐	Float
⊞ IW_060_FT52_TOTAL	N167[51]	INT	060 FT52 Volume Totalizado	Read/Write	☐	Decimal
IW_060_FT91	F251[18]	REAL	Flow Transmitter 060_FT91	Read/Write	☐	Float

图 6-47　标签数据库

标签数据库对话框顶部的"范围"（Scope）窗口显示"SYRUP"名称，并有一个看起来像处理器卡的图标。这表示处理器的名称是 SYRUP，并且此控制器标签列表可以在整个程序中访问。控制器标签是全局的（全局标签与局部标签如图 6-48 所示），这意味着 PLC 中的所有程序都可以访问它们。

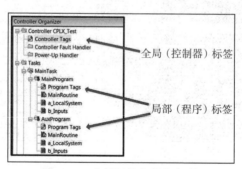

图 6-48　全局标签与局部标签

6.3.4　程序（局部）标签

大多数标签名称将比前一个例子更具描述性，如图 6-49 所示。

程序标签也称局部标签，只能被它们所在的特定程序看到或访问。这个特定的程序名为"Cell_17"，控制器中的其他程序，例如来自"Cell_16"的程序，不能访问这些标签。

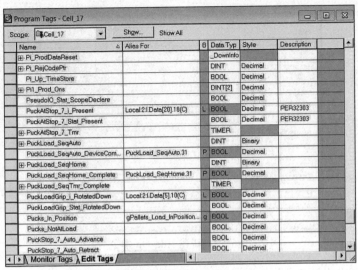

图 6-49 程序标签示例

6.3.5 别名

别名（Aliases）是标签的"昵称"。图 6-49 中，标签"PuckAtStop_7_i_Present"旁边列出了一个本地地址 Local:2:I.Data[20].18。这意味着标签被连接到该本地地址的物理设备上。地址是 Local:2，表示它通过本地机架 I/O 的 2 号插槽访问它。在这种情况下，该卡是一个分配有节点的 DeviceNet 卡，节点 20 是标签链接到的位置。如果改变了物理输入的状态，相应的别名地址也会改变。

通常将物理输入和输出的别名设置为更具描述性的标签名。赋予标签别名，只需在别名列（Alias For）中浏览将要命名的标签。

6.4 Add-On 指令

除了本书中列出的 Allen-Bradley 提供的指令外，还可以构建自定义指令。

要创建 AOI，请单击控制器管理器中的 Add-On 指令（Add-On Instruction，AOI）文件夹，并选择新建 Add-On 指令（New Add-On Instruction）。打开如图 6-50 所示对话框。

AOI 的目的是创建可以在多个项目中重复使用的指令，就像编辑器顶部选项卡中的任何其他指令一样。

这个例子是一个有趣的指令——充当一个随机数生成器：掷骰子。

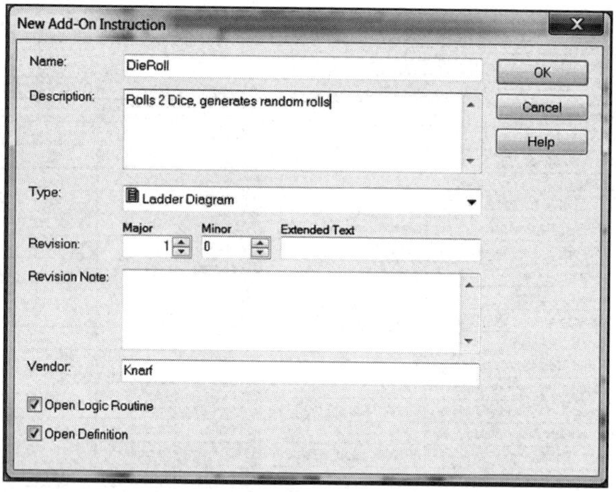

图 6-50　新建 Add-On 指令

指令的名字将显示在名称（Name）字段中，名称越短越好。

由于选中了新建 Add-On 指令（New Add-On Instruction）对话框底部的多选框，逻辑例程（Logic Routine）和定义（Definition）都将打开。

在 Add-On 指令（Add-On Instructions，AOI）文件夹中右键单击该指令名称，并随时选择"打开定义"（Open Definition）。它包含许多选项卡，通过这些选项卡来配置指令的各种功能。常规（General）选项卡如图 6-51 所示。

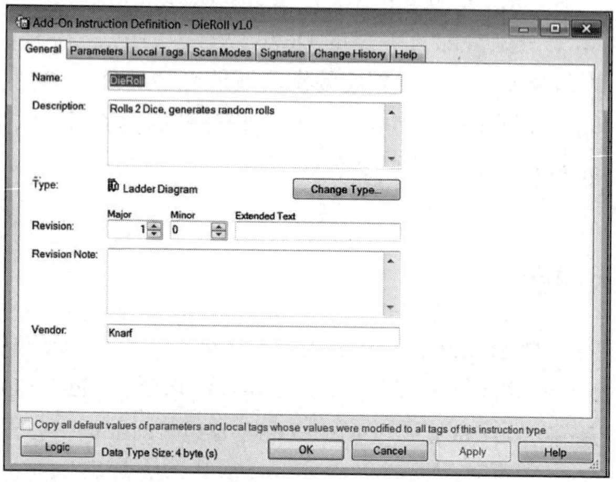

图 6-51　Add-On 指令定义的常规选项卡界面

参数（Parameters）选项卡（见图 6-52）用于配置数据输入和输出指令的输入输出变量。如果选中对应行的可见（Vis）框，则该参数名将出现在指令内；如果未选中必选（Req）框，则说明该参数为可选参数。

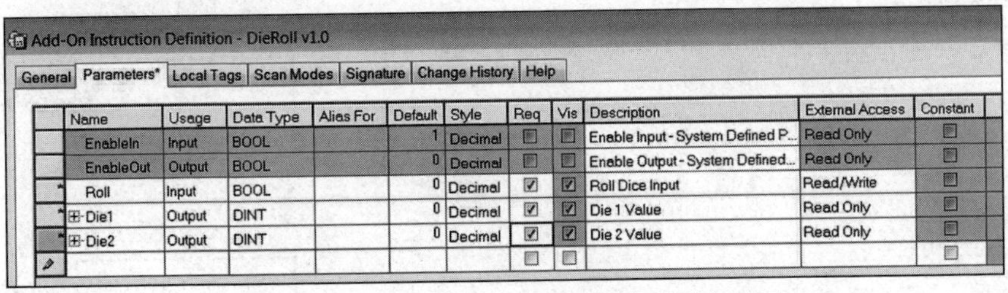

Name	Usage	Data Type	Alias For	Default	Style	Req	Vis	Description	External Access	Constant
EnableIn	Input	BOOL		1	Decimal	□	□	Enable Input - System Defined P...	Read Only	☑
EnableOut	Output	BOOL		0	Decimal	□	□	Enable Output - System Defined...	Read Only	☑
Roll	Input	BOOL		0	Decimal	☑	☑	Roll Dice Input	Read/Write	☑
⊞ Die1	Output	DINT		0	Decimal	☑	☑	Die 1 Value	Read Only	☑
⊞ Die2	Output	DINT		0	Decimal	☑	☑	Die 2 Value	Read Only	☑
						□				☑

图 6-52　Add-On 指令定义的参数选项卡界面

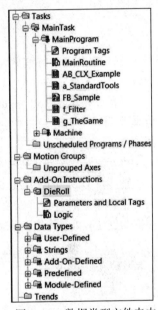

保存配置后，AOI 将显示在图 6-53 所示的文件夹中。如前所述，双击对象将打开它并对其进行编辑。

AOI 无法联机在线创建！但是，它们可以在单独的离线项目中创建，然后通过右键单击 Add-On 指令（Add-On Instruction）文件夹，并选择"导入 Add-On 指令"（Import Add-On Instruction）完成导入。

局部标签（Local Tags）选项卡将包含在构建逻辑时创建的任何内部标签中。它们可以从选项卡中填写，也可以在逻辑输入时通过右键单击标签字段来创建。双击"参数和局部标签"（Parameters and Local Tags）图标也会打开这个窗口。

扫描模式（Scan Modes）选项卡用于添加附加例程，这些例程将在逻辑例程之前（预扫描）、逻辑例程之后（后扫描）或 EnableIn 参数为假（EnableInFalse）时运行。

签名（Signature）选项卡用于生成一个唯一标识指令的代码，并将其封装防止修改。

图 6-53　数据类型文件夹中 Add-On 指令定义

更改历史（Change History）选项卡记录修改的时间和日期，帮助（Help）选项卡允许程序员编写描述信息，记录指令并向末端用户提供信息。

掷骰子

图 6-54 示例中的逻辑是基于玩家按下按钮时间和释放按钮时间的两个数，而这两个数则是由两个"自由运行"模式的定时器随机生成。由于两个定时器的设定值都是 6 的倍数，所以很容易除以累加器值，从而使得随机滚动 1 ～ 6 的机会相等。

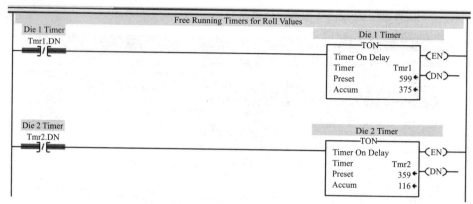

图 6-54　掷骰子按钮逻辑

这两个自由运行模式定时器具有不同的设定值，因此它们会以不同的速度运行。

当骰子输入（Roll Input）按钮按下（见图 6-55）时，ONS 指令将定时器累加值捕获到一个临时变量中。使用 Limit 指令将捕获值划分为六个不同的范围，如图 6-56 所示。

当玩家释放按钮（见图 6-57）时，Die 2 的值将被 ONS 指令捕获。

请注意 Die 2 的值域是 60 而不是 100。

逻辑写好后，就可以使用 AOI 了。它在 Add-On 文件夹中显示为 DieRoll，这是因为创建时即被命名为该名称。当它被放入梯级时，如图 6-58 所示。

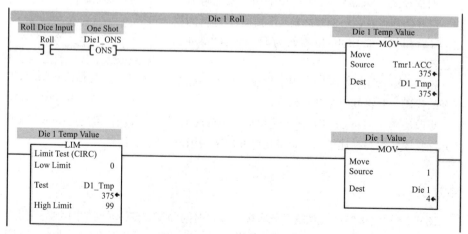

图 6-55　按下按钮

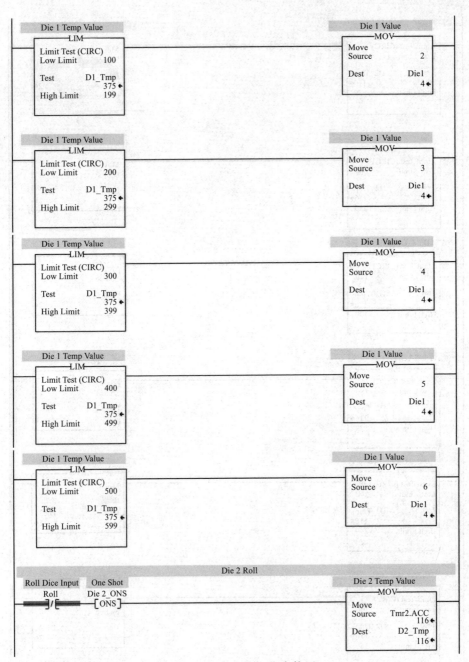

图 6-56　Die 1 Limit 指令使用

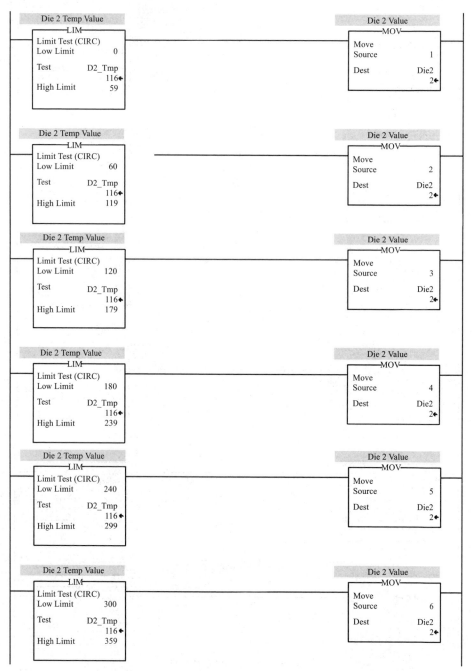

图 6-57 释放按钮

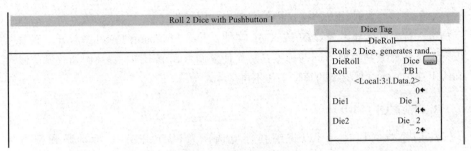

图 6-58　AOI 指令使用

每次使用 AOI 指令，AOI 都需要一个标签名；在本例中，标签名为"Dice"。标签包括在参数（Parameters）选项卡下创建的输入输出变量，以及 BOOL 类型的 EnableIn 和 EnableOut。

分配的输入是一个别名为 Input 3.2 的按钮，它位于艾伦 – 布拉德利 ControlLogix PLC 中，并且 Die_1 和 Die_2 标签是整数值。

Add-On 指令是一个强大的工具，可以在需要重用代码时使用，或者可以在不同的处理器中使用。程序员可以创建一个他们在项目中使用的 AOI 库，或者构建标准化设备的公司可能会将它们用于常见任务。它也是一种封装代码的便捷方法，能够让其他程序员无法修改它，甚至无法看到它是如何工作的。

6.5　其他语言

除了 Allen-Bradley 程序员使用的主要语言——梯形图之外，其他 IEC 61131 语言也得到了不同程度的支持。

1. ASCII 码助记符（指令列表）

虽然可以将梯形图视为文本，但通常不使用此功能导入和导出逻辑。

双击梯级左侧，将显示编辑器顶部的字段。这个梯级的文本描述是（XIC）<Tagname>，即（常开触点）< 标签名 >。BST 是分支开始，OTU 和 OTL 是输出解锁和输出锁存，NXB 是下一个分支，如图 6-59 所示。

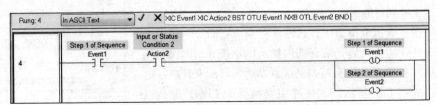

图 6-59　梯级 4，ASCII 码助记符

电子表格经常被用来连接这样的字符串，用标签代替重复的梯级。对于示例所示梯级，首先可以导出为 CSV 或 XML 文件，并在 Microsoft Excel 中打开。然后可以拆解这些梯级并替换不同的标签，从而使复制数百个不同标签（例如故障、输入和输出梯级）的重复梯级的烦琐工作不再乏味。

2. 功能框图（FBD）

在创建新例程时，可以将编程环境选择为 FBD。FBD 是标准版和精简版（CompactLogix）软件的一部分。

3. 结构化文本（ST）

结构化文本不是标准编程软件的一部分，但是它可以作为单独的模块购买。它包含在完整版和专业版中。

4. 顺序功能图（SFC）

与结构化文本一样，SFC 可以作为单独的模块购买，也可以包含在完整版和专业版中。更多的例子可以在本书的西门子部分找到。

6.6 Allen-Bradley 的通信软件 RSLinx

所有 Allen-Bradley 产品的联机在线活动都使用一个名为 RSLinx 的通信软件。在使用程序执行诸如上传、下载或联机在线等活动之前，需要配置 RSLinx 通信驱动。

图 6-60 RSLinx 服务图标

当打开一个程序时，RSLinx 通常会作为服务自动打开。图 6-60 表示 RSLinx 服务。双击图标打开它或在程序列表（见图 6-61）中浏览并打开它。

较新的 Allen-Bradley 可编程逻辑控制器有多种通信方法，包括 USB、RS232 DF1（串行通信）和以太网。USB 通信与 ControlLogix L70 系列处理器一起使用，端口位于处理器的正面。

串行通信可用于所有其他处理器。它们要么使用一端有 9 针插头而另一端有圆形插头的电缆（MicroLogix 系列），要么使用带有零调制解调器适配器的 9 针串行电缆，如图 1-27 所示。如果使用交换机（常规），那么以太网使用标准的非交叉以太网电缆，如果直接连接到处

图 6-61 RSLinx 程序列表

理器或以太网卡，那就使用交叉电缆。通信端口位于 MicroLogix 的 PLC 左侧、SLC 5/05 或 CompactLogix 的处理器上。如果使用 ControlLogix 系统，则通信端口位于以太网卡的底部。

当首次使用 PLC 时，它没有为其分配以太网地址。以太网地址可以使用艾伦 - 布拉德利提供的 BootP 服务器实用程序分配，也可以使用串行口电缆下载该程序。如果在 PLC 程序中设置了以太网地址，串行下载也会配置以太网端口。

驱动可能已经在 RSLinx 中配置。如果没有，可以使用以下步骤安装。

配置串行驱动：

1）打开 RSLinx，并选择通信 > 配置驱动（Communications > Configure Drivers）。

2）在可用驱动类型（Available Driver Types）下拉选项中选择 RS-232 设备，如图 6-62 所示。按添加（Add New）按钮，出现一个对话框，询问新驱动名称。默认为 AB_DF1-1，按下确定（OK）按钮保存默认值。

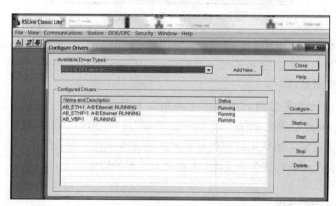

图 6-62 RSLinx 串行驱动配置界面

3）在设备（Device）下拉选项里选择 SLC-CHO/Micro/Panelview（SLC 或 Micro-Logix）或 Logix 5550/CompactLogix。除错误检查设置为 CRC 外，其他设置如图 6-63 所示。

如果电缆已连接到处理器并通电，则可以按自动配置（Auto Configure）按钮。这将询问 PLC 的当前设置，由此将收到"自动配置成功！"（Auto Configuration Successful！）的消息。这证明处理器已与 PLC 建立通信，并准备下载。

因为大多数计算机不再有串行端口，所以通常需要使用 USB 到串行端口的适配器。其中一些适配器将自动分配串行端口；这样的话，则将需要在计算机上使用设备管理器（Device Manager）查找使用的端口。如果没有为适配器分配端口，请尝试端口 8 或更高端口，然后按自动配置（Auto Configure）按钮。即使驱动显示"端口冲突"，通常最终也会显示"自动配置成功！"（Auto Configuration Successful！）。

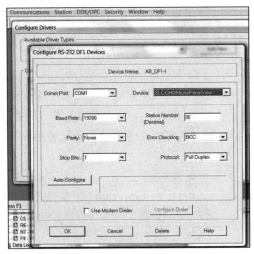

图 6-63　配置 RS-232 设备

常常需要在串行电缆上使用零调制解调器（Null-Modem）适配器。这将穿过引脚 2 和 3（TX 和 RX）。这种方式适用于 ControlLogix 和 SLC500 处理器。

配置以太网驱动：

在可用的设备类型列表中列出了两个以太网设备。第一个是"以太网设备"（Ethernet Devices），第二个是"以太网 /IP 驱动"（Ethernet/IP Driver）。以太网设备允许计算机通过输入地址来定位处理器和其他设备；它适用于所有艾伦 – 布拉德利的以太网项目，还兼容许多非艾伦 - 布拉德利生产的设备。

6.6.1　以太网设备

1）打开 RSLinx，并选择通信 > 配置驱动（Communications > Configure Drivers）。

2）在可用驱动类型（Available Driver Types）下拉菜单中选择以太网设备（Ethernet Devices）。按"添加（Add New）"按钮，弹出一个对话框，它会询问新驱动名称。默认为 AB_DF1-1，按下确定（OK）按钮保存默认值。

如果用户工厂中有多组艾伦 – 布拉德利处理器和设备，建议创建多个以太网设备驱动，并赋予它们不同的名称，例如 ETH-Line1、ETH-Line2 等。这是为了防止驱动试图查找不存在的设备，因为这需要花费更多的时间。

3）按如图 6-64 所示输入以太网地址。在此假设计算机分配地址为 192.168.0.100，PLC 分配地址为 192.168.0.1。第一个地址（Station 0）不需要与 PLC 通信，它显示的是计算机本身的当前配置。第二个地址（Station 1）是为 PLC 程序中通信端口配置的地址。更多的 PLC 和设备可根据需要添加到此列表中。

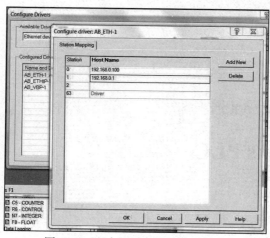

图 6-64　以太网设备地址分配界面

6.6.2　以太网/IP 驱动

此驱动适用于不包括 SLC 5/05 和 MicroLogix 在内的所有艾伦–布拉德利 CIP（以太网/IP）设备。因为它们不要求用户知道设备的地址。

1）打开 RSLinx，并选择通信 > 配置驱动（Communications > Configure Drivers）。

2）在可用驱动类型（Available Driver Types）下拉菜单中选择以太网驱动（Ether-Net/IP Driver）。按"添加"（Add New）按钮，弹出一个对话框，要求用户为新的驱动命名。默认为 AB_ETHIP-1；按下确定（OK）按钮保存默认值。

3）此驱动仅要求用户从计算机上的设备列表中选择用户的以太网卡。图 6-65显示了一个有线端口（192.168.4.204）和一个无线网卡（50.94.219.161）。

由于此驱动不维护设备列表，因此不必像使用以太网设备驱动那样创建多个驱动。在"RSWho"中浏览时，之前的连接可能会显示在列表中；只需右键单击它们，并选择"删除"（remove）即可消除它们。

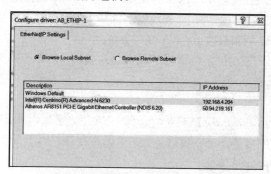

图 6-65　选择以太网驱动设备

第 7 章 | Chapter7

Siemens PLC

西门子公司于 1847 年以西门子（Siemens）和哈尔斯克（Halske）的名义成立。维尔纳·冯·西门子 (Werner von Siemens) 和约翰·格奥尔格·哈尔斯克 (Johann Georg Halske) 发明了一种基于电报的设备，这种设备使用指针指向一个字母序列，而不是使用莫尔斯电码（Morse code）。这家公司的全称是西门子哈尔斯克电报公司 (Telegraphen-Bauenstalt von Siemens & Halske)。

该公司在 19 世纪后期发展壮大，并进行多元化经营，生产交流发电机、电动火车和灯泡。公司成立于 1897 年，1903 年与舒克特公司（Schuckert & Co）合并，成为西门子-舒克特公司。在 20 世纪 20 年代和 30 年代，他们开始生产收音机、电视机和电子显微镜。到 1966 年，西门子和其他几家公司再次合并成为西门子股份公司。

1959 年，西门子公司展示了第一代"用于固态控制的模块系统"，称为 Simatic G。该系统是一种硬接线转塔车床控制装置，可实现基本机器功能的自动化。到了 20 世纪 70 年代和 80 年代，西门子控制器不再基于固定布线，而是可编程的。这构成了 S3 的基础，S3 后来被改进为 S5 PLC 平台。

1991 年，西门子公司收购了位于田纳西州约翰逊市的德州仪器公司的工业系统部门。该部门的前身是西门子工业自动化有限公司，后来被西门子能源和自动化部门合并。

1994 年西门子发布了 S7 PLC 平台，到 1998 年，它取代了 S5。但是，S7 中仍然保留了 S5 平台的许多部分，包括基于字节的寄存器，BCD 定时器和计数器以及其他不符合 IEC 标准的功能。

　　TIA（全集成自动化）控制器于 2009 年问世。这是一个完全符合 IEC 标准的基于标签的 PLC 系统，用 S7-1200 取代了 S7-200，并且制造了一个与 S7-300 硬件兼容的处理器 S7-1500。

7.1　术语、平台及指令

7.1.1　术语

术语及其说明如表 7-1 所示。

表 7-1　术语及其说明

术语	名称	说明
S7	组合 PLC/HMI 系统	PLC 和 HMI 平台
CFC	连续函数图	可选编程语言
CP	通信处理器	用于特殊通信协议的模块
DB	数据块	数据存储区
DP	分散式外围设备，现场总线	Profibus、RS485 协议的助记符
FB	功能块	具有自身数据块的功能调用（FC）
FBD	功能框图	标准程序设计语言
FC	函数调用	程序块，子程序
FM	功能模块	具有特殊功能的模块
GSD	常规站说明	用于现场总线和以太网硬件说明的文件
HiGraph	—	可选编程语言
IM	接口模块	连接远程机架的模块
LAD	梯形图	标准程序设计语言
M7	可编程模块	具有处理能力的模块
MMC	微型存储卡	小型便携式存储卡
MPI	多点接口	标准通信协议
OB	组织块	基于不同操作系统的用户程序块
OP	操作面板	带或不带按钮的显示面板
PCS	过程控制系统	整个过程链的软件
MPI	多点接口	标准西门子网络协议
PG	编程终端	西门子专用设备（PC）
PPI	点对点接口	串行 RS-232 通信
Profibus DP	总线分散式外围设备	用于工厂自动化的网络协议
Profibus PA	总线过程自动化	用于过程自动化的网络协议
RLO	逻辑操作结果	STA 或 Status 之后的开关指令状态

(续)

术语	名称	说明
SCL	结构化控制语言	可选编程语言，结构化文本
SFB	系统功能块	用于 CPU 信息集成的 FB
SFC	系统功能调用	用于 CPU 信息集成 FC
SM	信号模块	标准输入 / 输出模块
STA	状态	开关指令的状态
STL	声明列表	基于文本的编程语言，指令表
TIA	全集成自动化	新的 PLC 和 HMl 平台
TP	触摸屏	触摸屏显示
UDT	用户定义的数据类型	用户定义的数据结构
VAT	变量访问表	用于监视 / 修改值的表

7.1.2　S7-300 平台和 S7-400 平台

S7 软件包如表 7-2 所示。

表 7-2　S7 软件包

名称	型号	说明
S7	S7-300, S7-400	支持所有可编程逻辑控制器、网络和 3 种语言（LAD、STL、FBD）的标准环境。包括 HMI 软件（WinCC）
S7 专业版	S7-300, S7-400	附加对 SCL 和图形编程语言的支持，S7PLCSIM——PLC 模拟器。包括 HMI 软件（WinCC）
S7 TIA Portal	S7-1200/1500	S7 的最新版本（与 2007 年以前的 S7-300/400 CPU 不兼容）的基本版和专业版。也包括 WinCC、HMI 编程软件

旧版西门子 S7 PLC 的编程软件称为 S7。西门子公司为 S7-300 和 S7-400 PLC 的编程提供了几种类型的 S7 软件包。模块可以单独购买，也可以打包到基本的 S7 软件包中。

截至 2018 年 11 月，S7 软件的最新版本是 5.6，而 Portal 的最新版本是 v15。

S7 硬件平台如表 7-3 所示。

表 7-3　S7 硬件平台

名称	使用范围
S7-200	微型 PLC（过时的）
S7-300	中低端性能，无支架设计。最多可配置 4 个扩展机架，每个机架有 8 个插槽。一些处理器集成了 I/O
S7-400	高端 / 中端性能，机架式设计。同一机架可使用多个 CPU

ET200 系列中还有多种用于 Profibus 和 Profinet 的基于网络的 I/O 设备。

1. S7-300 平台

S7-300 主要用于制造业中型系统的解决方案，也可在通用自动化系统中，用于需要灵活平台进行中央和本地配置的应用。

S7-300 是基于导轨的系统，可以通过使用插在背面的总线连接器夹将模块添加到大型 DIN 导轨上进行扩展。I/O 模块没有顺序要求，可以自由寻址。

S7-300 电源模块的所有连接都位于模块的正面。有 2A、5A 和 10A 电流供应模式。S7-300 PS 模块是选配（即可以使用西门子以外的电源为模块供电）。

S7-300 的主机架最多可容纳中央机架中的 8 个模块，每个扩展单元最多可容纳 8 个模块，总共可容纳 32 个模块。在单层配置中，这导致最多 256 个 I/O 端子，多层配置中最多可达 1024 个 I/O 端子。

较新的 S7-300 处理器需要微型存储卡才能运行。较旧的 S7-300 CPU 使用电池供电的 RAM 或可选的 flash 模块，这些旧型号可以通过 CPU 前面的一个模式选择按键来识别。

所有西门子 PLC 的 CPU 前端都带有一个或多个通信端口。多点接口（MPI）是一种 RS-232 协议，通常用于编程或与 HMI 连接，而 Profibus（DP）是一种用于 I/O（也包括 HMI）的 RS-485 现场总线协议。处理器还可以有两个用于 ProfiNet（一种工业以太网协议）的以太网端口。

S7-300 的 2 号插槽为 CPU 预留，S7-300 的 3 号插槽为接口模块（IM，Interface Module）预留（无论有无 IM）。

S7-300 CPU 订货目录号及其说明如表 7-4 所示。

表 7-4　S7-300 CPU 订货目录号及其说明

CPU	订货目录号	说明
CPU 312	6ES7312-1AE14-0AB0	小型应用的入门级 CPU
CPU 313C	6ES7313-5BG04-0AB0	用于中级应用的旧系列 CPU
CPU 313C-2 PtP	6ES7313-6BG04-0AB0	用于中级应用、点对点通信的旧系列 CPU
CPU 313C-2 DP	6ES7313-6CG04-0AB0	适用于中级应用的较旧系列 CPU，Profibus 通信
CPU 314	6ES7314-1AG14-0AB0	中级能力 CPU
CPU 314C-2 PtP	6ES7314-6BH04-0AB0	具有点对点通信的中等容量 CPU
CPU 314C-2 DP	6ES7314-6CH04-0AB0	具有 Profibus 通信的中等容量 CPU
CPU 314C-2 PN/DP	6ES7314-6EH04-0AB0	具有 MPI/ Profibus 和 Profinet 通信的中等容量 CPU
CPU 315-2 DP	6ES7315-2AH14-0AB0	具有中到大型程序存储器和 Profibus 的 CPU
CPU 315-2 PN/DP	6ES7315-2EH14-0AB0	具有中到大型程序存储器、MPI/Profibus 和 Profinet 的 CPU

（续）

CPU	订货目录号	说明
CPU 317-2 DP	6ES7317-2AK14-0AB0	具有大型程序存储器的 CPU
CPU 317-2 PN/DP	6ES7317-2EK14-0AB0	具有大型程序存储器、MPI/Profibus 和 Profinet 的 CPU
CPU 319-3 PN/DP	6ES7319-3EL01-0AB0	具有高级指令处理性能和大程序内存的 CPU

S7-300 CPU 能提供各种具有不同计数和分辨率的数字与模拟模块（信号模块，SM），以及用于高速计数和 PID 控制的专用模块（功能模块，FM）和通信卡（通信模块，CM）。

2. S7-400 平台

西门子 S7-400 是基于机架的 PLC。机架尺寸可以有 4 个、9 个或更多插槽，高速背板总线确保中央 I/O 模块的有效连接。S7-400 用于数据密集型任务、安全、冗余、整体工厂协调和控制较低级别的系统。

在极端环境条件下，可使用 S7-400 的 SIPLUS 版本。电源是必需的，而且必须位于插槽 1，提供 4A、10A 和 20A 电流。CPU 可放置在 S7-400 上的任何插槽中。所有西门子 PLC 前端的第一个通信端口（X1）用于多点接口（MPI）RS-232 协议。一个机架中可以放置多个 CPU 以及各种通信模块。

最多可在本地连接 22 个机架，这些机架提供非常多的 I/O 端子。

（1）S7-400 CPU

S7-400 CPU 订货目录号及其说明如表 7-5 所示。

表 7-5　S7-400 CPU 订货目录号及其说明

CPU	订货目录号	说明
CPU 412-1	6ES7412-1XJ	中等性能应用的入门级 CPU
CPU 412-2	6ES7412-2XJ	具有中等程序存储器的 CPU
CPU 412-2 PN	6ES7412-2EK	具有中等内存和附加 Profinet 端口的 CPU
CPU 414-2	6ES7414-2XK	具有较高内存的中等性能的 CPU
CPU 414-3	6ES7414-3XM	具有较高内存和附加通信功能的中等性能的 CPU
CPU 414-3 PN/DP	6ES7414-3EM	具有较高内存和附加通信（包括 Profibus）的中等性能的 CPU
CPU 416-2	6ES7416-2XN	具有较高性能范围的入门级 CPU
CPU 416F-2 DP	6ES7416-2FN	具有较高性能范围的故障保护入门级 CPU
CPU 416-3	6ES7416-3XR	具有较高性能范围的标准 CPU
CPU 416-3 PN/DP	6ES7416-3ES	具有 Profinet 的较高性能范围的标准 CPU
CPU 416F-3 PN/DP	6ES7416-3FS	具有 Profinet 较高性能范围的故障保护 CPU
CPU 417-4	6ES7417-4XT	具有较高性能范围的高端 CPU

（2）远程和网络 IO

ET 200SP（见图 7-1）具有可扩展 IO，以及广泛的诊断和热插拔功能，支持单端口或多端口连接、便于用户使用而且体积比 ET200S 小。

ET 200S（见图 7-2）是具有多导体连接的分立模块。由于模块使用范围广泛而具有多功能性：电动机起动器、安全技术、技术模块、分布式智能以及 IO-Link 模块。

图 7-1　ET 200SP 模块　　　　图 7-2　ET 200S 模块

ET 200M（见图 7-3）的模块化设计，采用标准 SIMATIC S7-300 模块，每个模块具有多达 64 个通道，通道密度很高，支持热插拔，并具有冗余性。

图 7-3　ET 200M 模块

ET 200MP（见图 7-4）与 S7-1500 配合使用，具有多 IO 通道，适用于性能高和响应时间短的应用。

西门子 ET 200iSP（见图 7-5）用于危险区域，具有热交换、冗余和运行期间的配置更改特性。

图 7-4　ET 200MP 模块　　　　图 7-5　ET 200iSP 模块

西门子 ET 200pro（见图 7-6）采用模块化设计，体积小巧。它具有多功能模块，包括数字量和模拟量的 I/O、安全系统、变频器和识别系统，还具有广泛的诊断功能，以及热插拔和永久接线功能。

西门子 ET 200eco（见图 7-7）具有连接 PROFINET 的 IO 功能块。这些低成本、节省空间的模块可以是多达 16 个通道的数字模块或模拟模块。可以在操作期间轻松更换电子模块，而无须中断总线通信或电源。

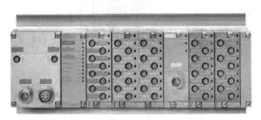　

图 7-6　ET 200pro 模块　　　　图 7-7　ET 200eco 模块

3. 使用 S7 启动和编辑项目

S7 编程始终从打开西门子管理器（Simatic Manager）开始。艾伦 – 布拉德利软件是独立的（通信软件 RSLinx 除外），但 S7 包含了各种不同的程序，它们都是从西门子管理器打开。通常，管理器会作为快捷方式放在桌面上如图 7-8 所示。

图 7-8　S7 管理器
快捷图标

从管理器可以访问的一些组件如下：

硬件管理器——配置 PLC 的 CPU、I/O 模块和通信接口。

编辑器——允许在梯形图、语句列表或 FBD（功能框图）中修改程序代码。

符号表——允许为 I/O、内存地址以及组件（如模块和函数）命名。

变量表（VAT）——允许更改 I/O 或内存寄存器的内容。

（1）创建项目

为了启动新项目，请在管理器（Manager）中文件（File）菜单下选择"创建"（New）。创建项目时，会在项目名称下的文件夹里创建多个文件和目录。这些文件的默认路径是 C:\ProgramFiles\Siemens\Step7\S7Proj\，创建的项目可以保存到程序员希望的任何位置。保存项目后，软件将记住所有已保存项目的路径。

由于单个项目有许多文件和目录，因此通常需要创建单个项目文件进行传输。S7 允许程序员使用存档实用程序 [也在文件（File）选项卡下] 压缩文件。重新打开文件时，将使用检索（Retrieve）选项，如图 7-9 所示。

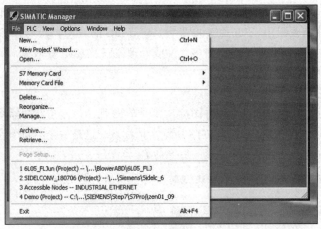

图 7-9　S7 管理器文件菜单选项

　　文件菜单下还提供了其他几个选项，如删除（Delete，删除文件和对它们的引用）、管理（Manage，允许找到未存档的文件）和重新组织（Reorganize，将文件压缩到创建和删除文件时创建的未使用空间中），就像对硬盘进行碎片整理一样。文件也可以从此列表中访问或保存到 CPU 中的存储卡里。

　　创建项目后，必须选择和配置硬件。在此之前，程序员必须插入一个"站"。这可能是 S7-300、S7-400，甚至是基于 PC 处理器或操作员的界面。图 7-10 为程序员创建一个名为 Demo1 项目之后插入一个 S7-300 站示例。

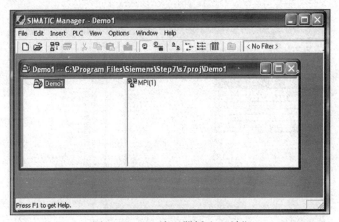

图 7-10　S7 处理器插入"站"

　　请注意，在创建项目时，还会创建一个 MPI（多点接口）图标，如图 7-10 所示。这是西门子的串行通信形式。

有许多不同类型的站或文件可以放入项目中，如图 7-11 所示。此布局允许项目中的不同组件相互引用。300 和 400 平台，基于 PC 的 PLC，冗余 PLC，甚至 HMI 都可以包含在同一项目中。可以将多个站或处理器以及 HMI 放入单个项目中。HMI 软件 WinCC 包含在 S7 软件中。

（2）配置硬件

插入站后，就会创建一个硬件图标，如图 7-12 所示。双击此图标将打开用于项目创建的硬件配置对话框，如图 7-13 所示。请注意，这是一个不同于管理器的应用程序。这个站名字可以根据程序员的意愿命名。

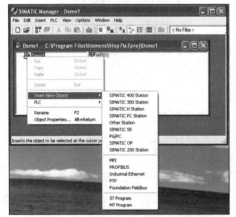

图 7-11　项目中引用不同类型的站

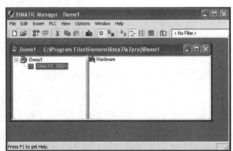

图 7-12　硬件图标

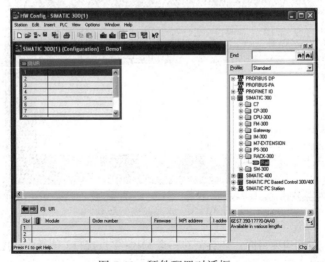

图 7-13　硬件配置对话框

打开硬件配置，可以为所选平台选择硬件项目。对于 S7-300 系列，必须首先从 Rack-300 文件夹中选择导轨。这将为要放入的所有不同组件创建空间。

硬件配置中的文件夹是按其中包含的模块类型进行标记的。数字模块和模拟模块包含在 SM（信号模块）文件夹中，CPU 模块包含在 CPU 文件夹中，特殊用途模块（如高速计数器和 PID）包含在 FM（功能模块）文件夹中。通信模块在 CM 文件夹中，Profibus 和 Profinet 远程 I/O 设备以及驱动器有很多文件夹。

非西门子制造的设备配置文件可以作为 GSD 文件导入，该配置文件应从设备制造商处获取。

第一个插槽中只可以放置电源，而处理器必须放在插槽 2 中。插槽 3 为接口模块（IM）预留，用于连接扩展机架。单个 S7-300 处理器最多可以控制 4 个扩展机架，总共有 32 个 I/O 模块。

I/O 地址以字节级别分配，每个模块分配输入（I）或输出（Q）寄存器。虽然这些地址具有基于其插槽位置的默认位置，但程序员也可以选择 I/O 分配。

数字 I/O 模块和模拟 I/O 模块从 SM（信号模块）文件夹中选择。有关每个模块的详细信息显示在目录下方的小窗口中。信息包括模块的完整部件编号、固件版本和其他详细信息，如图 7-14 所示。

I/O 地址也显示在插槽右侧的列中。双击模块说明会弹出一个对话框，允许根据需要更改地址。某些插槽中还有其他可以修改或调整的参数。

Profibus 或 Profinet 设备也可以通过硬件管理器（Hardware Manager）进行配置，如图 7-15 所示。

还有一个名为 NetPro 的附加配置工具，可用于进一步修改 Profinet 设备。

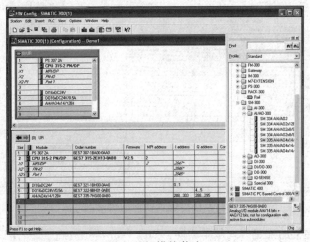

图 7-14　模块信息

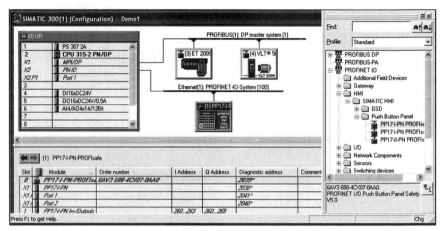

图 7-15　Profibus 或 Profinet 设备配置的对话框

　　单击 CPU 端口会弹出用于配置通信的对话框，如图 7-16 所示。设置通信需要多次单击打开窗口。双击 MPI/DP 端口，选择 Profibus，设置地址（CPU 通常为 2），单击新建（New），即可以为网络设置名称，通常默认为 PROFIBUS（1）。然后，网络将出现在配置中，并且可以从文件夹中添加设备。

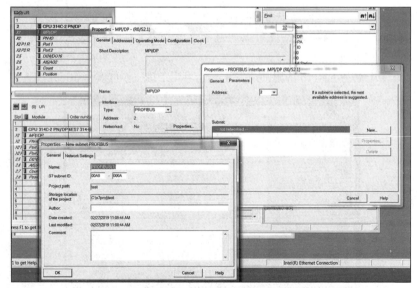

图 7-16　配置通信的对话框

　　Profinet 通信的配置方式基本相同，如图 7-17 所示。除了命名网络外，还需要输入以太网地址和子网掩码，使用 NetPro 完成进一步的配置。

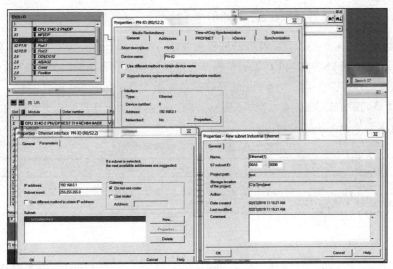

图 7-17　配置 Profinet 通信的对话框

　　硬件配置后，需要保存、编译和下载。可以通过硬件配置对话窗口（见图 7-18）或在站和 PLC 选项卡中完成。

　　完成硬件配置后，最好关闭硬件编辑器。此外，请勿与处理器一起在线保存、编译和下载其他编辑窗口，这会导致问题出现！

（3）编写程序

　　配置硬件后，程序员可以开始处理程序本身。

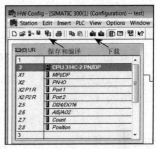

图 7-18　硬件配置对话窗口

创建项目时，将显示一个名为 S7 程序（S7 Program）的文件夹，其中包含名为源（Sources）和块（Blocks）的两个子文件夹，如图 7-19 所示。块文件夹包含需要下载到处理器中的所有程序元素，以及一些仅在编程计算机（PG）上显示的文件。

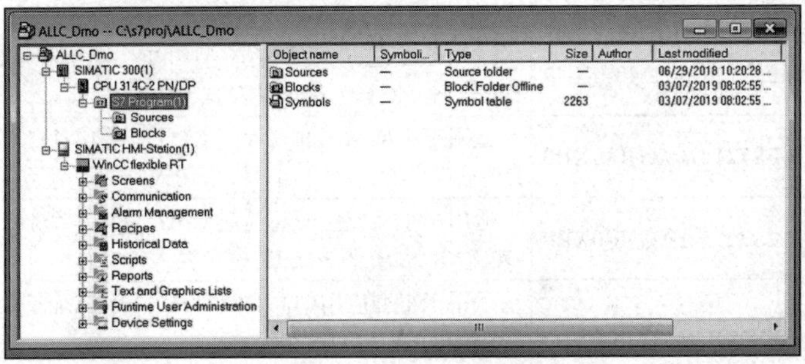

图 7-19　项目的 S7 程序文件夹

7.1.3   S7-1200 平台和 S7-1500 平台

较新的 Siemens S7-TIA PLC 的编程软件称为 TIA Portal。2007 年以后该软件还可用于 S7-300 和 S7-400 PLC 编程，但是程序被转换后将不再兼容旧的 S7 软件。

截至 2018 年 11 月，TIA Portal 软件的最新版本是 15。

S7 系列平台适用范围如表 7-6 所示。ET200 系列中，有各种基于网络的 I/O 设备，适用于 Profibus 和 Profinet。

表 7-6   S7 系列平台适用范围

PLC 平台	使用范围
S7-1200	小型系统微型 PLC，CPU 左右两侧都可以添加模块。
S7-1500	中高端性能，无机架设计，与 S7-300 的 I/O 模块兼容。

1. S7-1200 平台

S7-1200（见图 7-20）是 TIA（全集成自动化）系列中的第一款产品，取代了过时的 S7-200。它安装在标准 DIN 导轨上，最多可添加三个通信模块（CM）和八个信号模块（SM）。此外，小信号板可以连接到 PLC 面板，用于附加的通信、I/O 端子或电池模块。与 S7-300/ S7-400 和 S7-1500 平台不同，S7-1200 不支持语句表（STL）编程。

图 7-20   S7-1200

表 7-7 列出的订单目录号适用于"直流 / 直流 / 直流"版本。还有"交流 / 直流 / 继电器"和"直流 / 直流 / 继电器"版本。

此外，还提供适用于极端环境的 SIPIus CPU 和用于集成安全的故障保护 CPU。

表 7-7   S7-1200 CPU 订单目录号及说明

CPU	订单目录号	说明
CPU1211C	6ES7211-1AE40-0XB0	用于小型应用的入门级 CPU，有 6 个 DC 输入、4 个 DC 输出、2 个 0 ～ 10V 模拟输入
CPU1212C	6ES7212-1AE40-0XB0	适用于小型应用的紧凑型 CPU，有 8 个 DC 输入、6 个 DC 输出、2 个 0 ～ 10V 模拟输入
CPU1214C	6ES7214-1AG40-0XB0	适用于小型应用的高性能 CPU，有 14 个 DC 输入、10 个 DC 输出、2 个 0 ～ 10V 模拟输入
CPU1215C	6ES7215-1AG40-0XB0	适用于小型应用的高性能 CPU，有 14 个 DC 输入、10 个 DC 输出、2 个 0 ～ 10V 模拟输入、2 个 0 ～ 10V 模拟输出
CPU1217C	6ES7217-1AG40-0XB0	适用于小型应用的高性能 CPU，有 14 个 DC 输入、10 个 DC 输出、2 个 0 ～ 10V 模拟输入、2 个 0 ～ 10V 模拟输出、附带 HSC 线路驱动器（1MHz）

2. S7-1500 平台

S7-1500（见图 7-21）是西门子系列中速度最快的处理器。它的封装外形与 S7-300 相同，并且与 S7-300 的 I/O 兼容。处理器正面的显示屏允许查看诊断中的错误消息。可以在处理器中访问内置 Web 服务器以显示状态。所有的处理器也有 Profinet 端口。S7-1500 CPU 订单目录号及说明如表 7-8 所示。

图 7-21　S7-1500

表 7-8　S7-1500 CPU 订单目录号及说明

CPU	订单目录号	说明
CPU1511C	6ES7511-1CK01-0AB0	紧凑型 CPU，175 KB 程序 /1 MB 数据存储
CPU1512C	6ES7512-1CK01-0AB0	紧凑型 CPU，250 KB 程序 /1 MB 数据存储
CPU1511F-1	6ES7511-1AK02-0AB0	标准 CPU，150/225 KB 程序 /1 MB 数据存储器
CPU1513F-1	6ES7513-1AL02-0AB0	标准 CPU，300/450 KB 程序 /1.5 MB 数据存储器
CPU1515F-2	6ES7515-1AM02-0AB0	标准 CPU，500/750 KB 程序 /3 MB 数据存储器
CPU1516F-3	6ES7516-3AN01-0AB0	标准 CPU，1/1.5 MB 程序 /5 MB 数据存储器
CPU1517F-3	6ES7517-3AP00-0AB0	标准 CPU，2/3 MB 程序 /8 MB 数据记忆
CPU1518F-4	6ES7518-4AP00-0AB0	标准 CPU，4/6 MB 程序 /20 MB 数据存储器
CPU1511TF-1	6ES7511-1UK01-0AB0	技术型 CPU，225/225 KB 程序 /1 MB 数据存储器
CPU1515TF-2	6ES7515-2UK01-0AB0	技术型 CPU，750/750 KB 程序 /3 MB 数据存储器
CPU1516TF-3	6ES7516-3TN00-0AB0	技术型 CPU，1.5/1.5 MB 程序 /5 MB 数据存储器
CPU1517TF-3	6ES7517-3UP00-0AB0	技术型 CPU，3/3 MB 程序 /8 MB 数据存储器
CPU1518TF-4	6ES7518-4AX00-1AC0	多功能处理 CPU，6/6 MB 程序 /20 MB 数据存储器，扩展到 50/500 MB，可用 C/C++ 编程

还提供适用于极端条件的 SIPIusCPU 和用于集成安全的故障保护 CPU。

3. 使用 TIA Portal 启动和编辑项目

TIA Portal 是 Siemens 的最新软件，可用于所有当前的 S7 平台编程。

（1）平台差异

西门子编程的许多基本概念与本书 S7 部分中所述相同。这里主要提及一些重要的差异和改进。

TIA 地址都是基于标签的。标签的名称后面有地址，但地址远不如 S7 中那么重要。所有的地址都必须有一个名字。

TIA 项目的扩展名为 ap<xx> 的文件，其中 xx 是软件版本号，因为编写本手册时的软件版本是 v15，因此本示例在此版本下保存的文件是 "DemoPRJ1.ap15"。

其他文件仍保留在项目文件夹内的文件夹中，并且与 S7 文件一样进行存档和检索。现在存档和检索是在一个扩展名为 zap<xx> 的文件夹中，而不是存档通用的 .zip 扩展名文件，其中，xx 代表软件版本。此示例中的项目存档版本将是"DemoPRJ1.zap15"。

项目可以从 S7 转换为 TIA，也可以从早期的软件版本转换为更高的版本。有时必须采取中间步骤；v12 转换为 v13，之后转换为 v13SP1，然后转换为 v14 和 v15。TIA Portal 最大差异之一是它只有一个编程环境。尽管 S7 将管理器、硬件配置、编辑器、符号表和 VAT 表全部放在单独的程序中，但所有这些表都可以在单个程序中访问。

确定文件是否已下载或处理器中的文件是否与保存在计算机上的文件相匹配要容易得多。联机在线时，彩色图标将显示在块和文件夹旁边。

该模拟器虽然仍可用，但比 S7 模拟器更复杂，因此用户友好程度较低。但是，它允许自动逐步执行操作序列，这是一个强大的功能。

（2）创建项目

这个软件可以通过程序列表打开，也可以把它的图标放在桌面上。该图标显示软件的版本，如图 7-22 所示。在同一台计算机上可以安装多个版本。

打开 TIA Portal 时，默认为 Portal 视图。可以在此界面中命名和保存项目，新用户也可以在该视图使用教程。

图 7-22　TIA 快捷图标

图 7-23 是 S7 项目或 WinCC HMI 文件可以转换为 TIA Portal 文件（迁移项目）的界面。

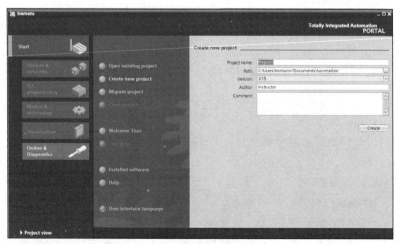

图 7-23　S7 项目或 WinCC HMI 文件转换为 TIA Portal 文件

欢迎之旅（Welcome Tour）是为新用户提供的教程，需要连接以太网才能运行。

文件默认保存于路径 Users\Username\Documents\Automation 的文件夹中。如果程序员希望将项目保存到其他位置，按下"创建"（Create）按钮后，软件将所需文件和文件夹放到所选路径。并记住保存路径。这比 S7 需要更多的时间。

创建项目后，程序员可以从 Portal 视图（见图 7-24）继续配置项目，或单击界面左下角的标签，从而将环境更改为更熟悉的项目视图，如图 7-25 所示。

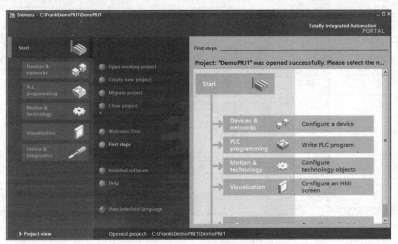

图 7-24　Portal 视图

图 7-25　项目视图

在项目视图界面左侧有一个项目树，其中包含项目的所有设备、块和表的文件夹。在配置好硬件之前，许多文件夹尚不存在。

（3）配置硬件

与所有 PLC 一样，创建新项目时需要做的第一件事是配置硬件。选择"添加新设备（Add New Device）"，将打开硬件配置，如图 7-26 所示。在配置好硬件后，双击 PLC 名称下的设备配置（Device Configuration）图标将允许修改硬件。

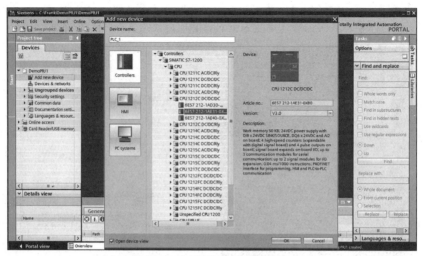

图 7-26　硬件配置对话框

为项目选择处理器时允许命名处理器和选择固件。有关不同处理器的详细信息显示在图 7-27 中。

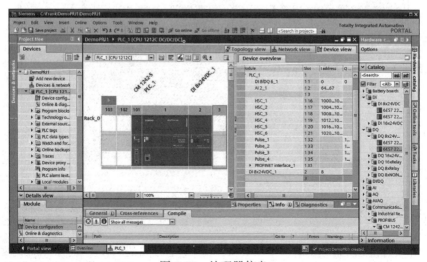

图 7-27　处理器信息

硬件配置界面具有三个选项卡：设备视图（见图 7-28）、网络视图和拓扑视图。设备视图允许从右侧的文件夹中选择不同的处理器型号。选择硬件的不同部分（例如卡和接口）时，将会在窗口底部的常规（General）选项卡中显示有关该组件的详细信息。

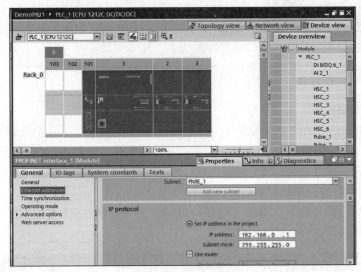

图 7-28　设备视图

以太网地址和网络配置可在常规选项卡中找到。

在接口配置上选择"添加新子网"（Add New Subnet）允许在如图 7-29 所示的网络视图（Network View）界面上添加组件。选择设备并返回到设备视图界面进一步配置远程设备。

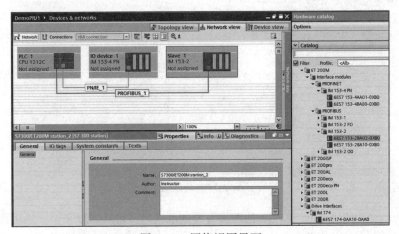

图 7-29　网络视图界面

网络视图显示项目的所有逻辑子网，而拓扑视图（Topology View）显示无源组件，如交换机、媒体转换器和电缆。

配置好硬件，可以在联机后将其下载到处理器，下载图标如图 7-30 所示。

图 7-30　下载图标

（4）编写程序

TIA Portal 中的块和结构如本书的 S7 编程部分所述，但有几个重要差异。组织块具有与 S7 中相同的常规功能，但它们在菜单中是按功能而不是按编号选择的。主块与之前一样是 OB1，并且可以持续运行。可以添加其他连续块，它们的编号会自动生成，编号在 OB123 以上。

与 S7 一样，循环块 OB 在 30 以内。但是，不必在硬件中配置它们。时间段是在块配置界面设置的，如图 7-31 所示。

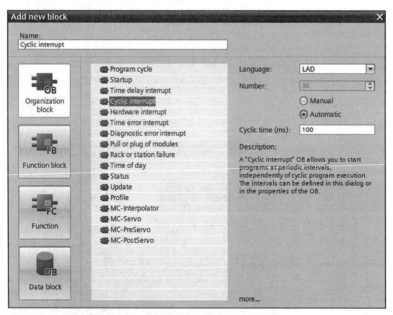

图 7-31　块配置

功能和功能块（FC 和 FB）的添加方式基本相同，如图 7-32 所示。块可以自动编号，或者由程序员手动编号。

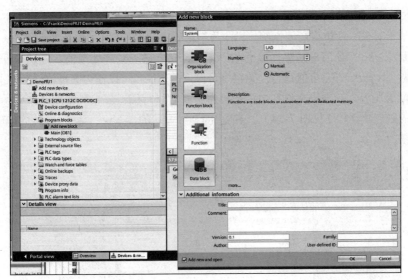

图 7-32　添加 FC

　　向项目添加块和标签后，项目树将显示项目中的
所有对象。可以将组添加到文件夹中，在图 7-33 中，
"OtherBlocks" 和 "SysTags" 已添加到文件夹中。这些
组仅为程序员提供组织目的等服务。PLC 标记文件夹中的
组不会使标签成为本地标签，并且组块不会以编程方式将
块与其他块分开。这只是一种更易于达到查找块和标签的
技术。

　　另外请注意，块是按类型列出的，然后在标签文件夹
中按字母顺序列出。因此，为了按调用顺序列出块，程序
员可能需要在标签名称前面定义一个字符或数字。

　　项目文件夹中的其他文件夹包含的对象类似于 S7 的
西门子管理器中的对象：

　　监视和强制表——这些类似于 S7 的 VAT 表和强制
表。它们仅存在于编程设备中，不会下载到处理器。

　　PLC 数据类型——这些数据类型与西门子管理器中的
数据类型相同，并且是用户定义的。它们用于定义标签，
并且不在处理器中。

　　外部源文件——与 S7 中的源文件夹类似，这些文件
可以从其他项目导入，可以是 SCL、DB 和 .udt 文件。

图 7-33　项目树

其他文件夹引入了不属于 S7 软件的新对象：

技术对象——包括运动控制、PID 和条形码阅读器接口。

跟踪——一种用于趋势标签的图形工具，它会被下载到处理器。即使未连接编程设备（计算机），它也能运行。数据是可保持的，而且可以作为测量值保存和上传。

创建块后，双击块文件夹中的图标将打开它进行编辑。编辑器顶部会显示一个简单的触点快捷栏（见图 7-34），包括线圈和可配置的"box"指令，编辑窗口右侧有完整的指令。

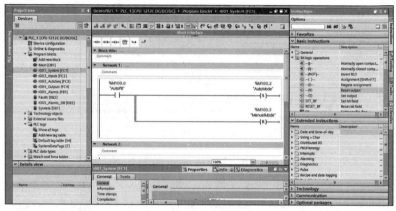

图 7-34　编辑器界面

输入指令时，可以将地址输入为标签内存的直接地址（见图 7-35），也可以输入标签名称。如果名称尚不存在，则右键单击并选择"定义标签"（Define Tag）将其放在标签表中。

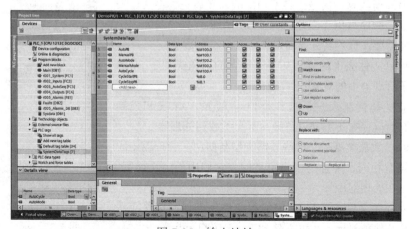

图 7-35　输入地址

与 S7 软件一样，可以在选择标签之前直接在标签表中键入标签，也可以通过从编辑器中创建标签时添加标签。然而，与符号不同，所有的地址都必须分配标签。

在 TIA 中，数据块的处理方式与 S7 中不同。元素可以从外部设备单独分配访问，也可以作为设定点分配。默认情况下，DB 设置为"优化"（Optimized）。这使得它们的访问速度更快，占用内存更小。但如果将它们创建为优化块，则无法通过地址直接访问它们。这意味着，如果要在 STL 中使用指针进行间接寻址，则必须在没有优化块访问的情况下创建 DB。通过右键单击文件夹中的块，并选择"属性"（Properties），可以访问具有优化属性选择的窗口，如图 7-36 所示。

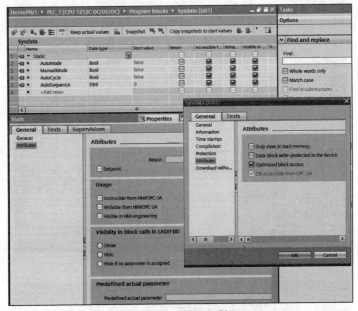

图 7-36　属性对话框

下载块后，选择带有眼镜的图标可监视该块，如图 7-37 所示。项目文件夹中绿色的点表明文件夹中的所有块与处理器中的块相匹配。

如果编辑了该块，标题中的橙色将消失，功能旁边的项目树中将显示一个一半蓝色一半橙色的点，表明该块不再与 PLC 中的块匹配，如图 7-38 所示。

一个尚未下载的新的块图标也是一半蓝色一半橙色，但是在橙色字段中有一个白色中心，如图 7-39 所示。在 TIA Portal 中单击下载会自动将所有块发送到处理器，与 S7 中的西门子管理器（Simatic Manager）不同。

总体而言，TIA Portal 比 S7 有所改进，但与任何更新和具有更多功能的内容一样，它也更加复杂。

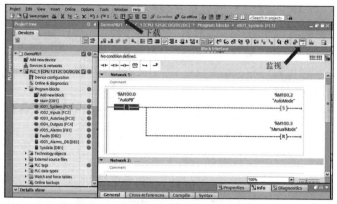

图 7-37　下载与监视图标（见彩插）

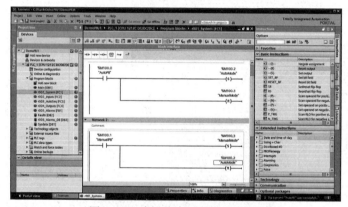

图 7-38　编辑状态显示（见彩插）

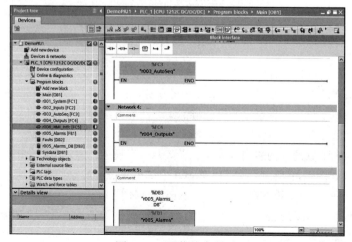

图 7-39　下载状态显示

7.1.4　指令

（1）位逻辑指令

位逻辑指令及含义如表 7-9 所示。

表 7-9　位逻辑指令及含义

STL 助记符	名称	含义
A	常开（与）	检查某一位是否为 ON
AN	常闭（与非）	检查某一位是否为 OFF
=	输出线圈	将某一位置 1 或置 0
(#)	中间输出	中间元件，线圈
S	输出置位	执行时将某一位置 1，并保持其状态，直至解锁或清除寄存器
R	输出重置	执行时将某一位重置清零
RS	置位－重置触发器	将置位和重置命令合并到一个框中。输出为 Q
SR	重置－置位触发器	将重置和置位命令合并到一个框中。输出为 Q
NOT	取反	改变逻辑运算结果的状态
FP	逻辑运算结果上升沿检测（单触发事件）	在信号的上升沿触发一次事件，执行一次扫描
FN	逻辑运算结果下降沿检测（单触发事件）	在信号的下降沿触发一次事件，执行一次扫描
NEG	地址下降沿检测（单触发事件）	比较地址 1 的信号状态与前一次扫描的信号状态（下降沿）
POS	地址上升沿检测（单触发事件）	比较地址 1 的信号状态与前一次扫描的信号状态（上升沿）
SAVE	将逻辑运算结果保存到 BR 内存	将逻辑运算结果保存到状态字的 BR 位
XOR	位异或	如果位的状态不同，则逻辑运算结果为 1

（2）比较指令

比较指令及含义如表 7-10 所示。

表 7-10　比较指令及含义

STL 助记符	名称	含义
＝＝I	整数相等	两个整数相等
<>I	整数不相等	两个整数不等
>I	整数大于	整数大于整数
>＝I	整数大于等于	整数大于或等于整数
<I	整数小于	整数小于整数

（续）

STL 助记符	名称	含义
< = I	整数小于等于	整数小于或等于整数
= = D	双整数相等	两个双整数相等
< > D	双整数不相等	两个双整数不相等
> D	双整数大于	双整数大于双整数
> = D	双整数大于等于	双整数大于或等于双整数
< D	双整数小于	双整数小于双整数
= = R	实数相等	两个实数相等
< > R	实数不相等	两个实数不相等
> R	实数大于	实数大于实数
> = R	实数大于等于	实数大于等于实数
< R	实数小于	实数小于实数
< = R	实数小于等于	实数小于或等于实数

　　TIA Portal 平台还为处理范围内或范围外的值提供了 IN_RANGE 和 OUT_RANGE 指令。

（3）转换指令

　　转换指令及含义如表 7-11 所示。

表 7-11　转换指令及含义

STL 助记符	名称	含义
BCD_J	BCD 码转整型数	将 BCD 码转换为整型数
I_BCD	整型数转 BCD 码	将整型数转换为 BCD 码
BCD_DI	BCD 码转双整型数	将 BCD 码转换为双整型数
DI_BCD	双整型数转 BCD 码	将双整型数转换为 BCD 码
I _DINT	整型数转双整型数	将整型数转换为双整型数
DI_REAL	双整型数转实数	将双整数转换为实数
INV_I	整型数取反	将整型数中每一位更改为相反的状态
INV_DI	双整型数取反	将双整型数中每一位更改为相反的状态
NEG_I	整型数的负数	更改整型数的符号
NEG_DI	双整型数的负数	更改双整型数的符号
NEG_R	浮点数的负数	更改浮点数的符号
ROUND	四舍五入为双整型数	将浮点数转换为双整型数，转换为最接近的整型数
TRUNC	截断双整型数部分	将浮点数转换为双整型数，向下取整，并使用溢出位
CEIL	上取整	将浮点数转换为双整型数，向上取整
FLOOR	下取整	将浮点数转换为双整数，向下取整

　　TIA Portal 平台还具有转换（CONVERT）块，该块允许使用公式进行转换：

SCALE_X 指令，将输入映射到某个值范围；NORM_X 函数，将输入映射到介于 0 和 1 之间的标准化范围。

（4）计数器指令

计数器指令及含义如表 7-12 所示。

表 7-12　计数器指令及含义

STL 助记符	名称	含义
S_CUD	加 / 减计数器	在不等于零的范围内上下改变 BCD 计数
S_CD	递减计数器	如果不等于零，则在一定范围内用 BCD 码递减计数
S_CU	递增计数器	如果不等于零，则在一定范围内用 BCD 码递增计数
SC	设置计数器值	将预设值传输到计数器的累加器
CU	递增计数器线圈	递增计数器的累加器值
CD	递减计数器线圈	递减计数器的累加器值
R	重置	将计数器的累加器清零

（5）逻辑控制指令

逻辑控制指令及含义如表 7-13 所示。

表 7-13　逻辑控制指令及含义

STL 助记符	名称	含义
JMP	无条件转移	无条件跳转到标签目的地
JMP (JC)	条件转移	如果前一条指令的逻辑运算结果（RLO）为"1"，则跳转到标签目的地
JMPN (JCN,JNB)	条件转移非	如果前一条指令的逻辑运算结果（RLO）为"0"（带 BR 位），则跳转到标签目的地
RET	返回	有条件地退出程序块并返回到调用点
LABEL	跳转目标标识符	跳转指令目标的标识符。首字母必须是字母表中的字母，其他字符可以是字母或数字

（6）整型数数学指令

整型数数学指令及含义如表 7-14 所示。

表 7-14　整型数数学指令及含义

STL 助记符	名称	含义
ADD_I (+I)	整型数加	一个整型数加上另一个整型数
SUB_I (−I)	整型数减	从一个整型数中减去另一个整型数
MUL_I (*I)	整型数乘	一个整型数乘以另一个整型数
DIV_I (/I)	整型数除	一个整型数除以另一个整型数
ADD_DI(+DI)	双整型数加	一个双整型数加上另一个双整型数
SUB_DI (−DI)	双整型数减	从一个双整型数中减去另一个双整型数

（续）

STL 助记符	名称	含义
MUL_DI(*DI)	双整型数乘	一个双整型数乘以另一个双整型数
DIV_DI (/DI)	双整型数除	一个双整型数除以另一个双整型数
MOD_DI	双整型数返回余数	DIV_DI 操作后返回一个双整型数余数

（7）浮点数数学指令

浮点数数学指令及含义如表 7-15 所示。

表 7-15 浮点数数学指令及含义

STL 助记符	名称	含义
ADD_R (+R)	实数加	一个实数加另一个实数
SUB_R (−R)	实数减	从一个实数中减去另一个实数
MUL_R (*R)	实数乘	一个实数乘以另一个实数
DIV_R (/R)	实数除	一个实数除以另一个实数
ABS	绝对值	求一个实数的绝对值（正值）
SQR	平方	求一个实数的平方（一个值乘以本身）
SQRT	平方根	求实数的平方根
EXP	指数值	求实数以 e 为底的指数值
LN	自然对数	求实数的自然对数值
SIN	正弦值	求实数的正弦值，其中浮点数表示弧度制的角度
COS	余弦值	求实数的余弦值，其中浮点数表示弧度制的角度
TAN	正切值	求实数的正切值，其中浮点数表示弧度制的角度
ASIN	反正弦值	在 −1~+1 的范围内求实数的反正弦值，其中浮点数表示弧度制的角度
ACOS	反余弦值	在 −1~+1 的范围内求实数的反余弦值，其中浮点数表示弧度制的角度
ATAN	反正切值	在 −1~+1 的范围内求实数的反正切值，其中浮点数表示弧度制的角度

（8）移位指令

移位指令及含义如表 7-16 所示。

表 7-16 移位指令及含义

STL 助记符	名称	含义
SHR_I	整数右移	将整数的内容逐位向右移动。即整数除以 2。左位补零
SHR_DI	双整数右移	将双整数的内容逐位向右移动。即双整数除以 2。左位补零
SHL_W	字左移	将字的内容逐位向左移动。逻辑操作。右位补零
SHR_W	字右移	将字的内容逐位向右移动。逻辑操作。左位补零
SHL_DW	双字左移	将双字的内容逐位向左移动。逻辑操作。右位补零
SHR_DW	双字右移	将双字的内容逐位向右移动。逻辑操作。左位补零

（9）循环移位指令

循环移位指令及含义如表 7-17 所示。

表 7-17　循环移位指令及含义

STL 助记符	名称	含义
ROL_DW	双字循环左移	将双字的内容逐位向左移动。逻辑操作。空出的右位用移出的左位填充
ROR_DW	双字循环右移	将双字的内容逐位向右移动。逻辑操作。空出的左位用移出的右位填充

（10）状态位指令

状态位指令（见表 7-18）与状态字的内容一起使用。这些位广泛用于 STL 编程和调试。

表 7-18　状态位指令及含义

STL 助记符	名称	含义
BR	二进制结果位	用于从字处理到位处理的转换
CC1	结果正溢出	浮点数 > 3.402823 E+38
CCO	结果负溢出	浮点数 < −3.402823 E+38
OV	溢出位	指明最后一次执行数学运算溢出
OS	存储溢出位	指明并存储在先前数学运算中的锁存溢出
OR	无序异常位	识别数学运算中的值是否为无效浮点数
STA	状态位	存储寻址位的值
RLO	逻辑运算结果位	存储逻辑操作字符串或比较指令的结果
/FC	首位检测	与 RLO 一起控制逻辑运算字符串

（11）定时器指令

S7 软件为列出的每个定时器提供两种不同的形式。“Coil”型定时器只显示地址和设定值，其他参数可以通过编程访问。“Box”型定时器显示重置输入，并允许以 BCD 或十进制格式将累计时间（.ET，已用时间）传递到数据位置。是西门子 S5 定时器是 BCD 格式。

S5 定时器的结构如表 7-19 所示。标记为 Digit 的字段是预设的三个 BCD 值，标记为 Base 的两个位为时间基。带 X 的两个位不用。数字字段中的最大值是 999，乘以如下所示的时间基：

00-10 ms

01-100 ms

10-1 s

11-10 s

表 7-19　S5T（S5 定时器）数据格式

X	X	Base		.3	.2	.1	.0	.7	.6	.5	.4	.3	.2	.1	.0
.7	.6	.5	.4				Digit				Digit				Digit
x	x	0	1	1	0	0	1	1	0	0	1	1	0	0	1

上图数据格式中显示的值是 999×100ms，即 99.9s。输入定时器设定值时，无须指定时间基，但是字符 S5T# 必须位于设定值的前面，以指定数据类型，如定时 3s 的定时器描述为 "S5T#3s"。西门子定时器的时间也会递减计时，定时器累计值达到 0 时完成定时。

表 7-20 列出的定时器的助记符按 "Coil" 型定时器、"Box" 型定时器的顺序排列。

表 7-20　不同类型定时器助记符及含义

STL 助记符	名称	含义
SD，S_ODT	通电延迟定时器	定时器在正信号加载到输入时开始工作，时间达到 0 时停止工作。通过移除输入信号进行重置
SS，S_ODTS	保持型通电延迟定时器	当正信号加载到输入时，定时器开始工作，当时间达到 0 时停止工作。即使移除输入信号，定时器仍会继续工作
SF，S_OFFDT	断电延迟定时器	当信号加载到输入时，定时器结束工作。当移除输入信号时，定时器开始工作。时间达到 0 时，定时器完成位关闭
SP，S_PULSE	脉冲定时器	定时器在正信号加载到输入时运行，并立即完成。当时间达到 0 时，完成位将关闭。通过移除输入信号进行重置
SE，S_PEXT	扩展脉冲定时器	定时器在正信号加载到输入时运行，并立即完成。当时间达到 0 时，完成位将关闭。即使移除输入信号，定时器依然运行，脉冲宽度保持不变

（12）字逻辑指令

字逻辑指令及含义如表 7-21 所示。

表 7-21　字逻辑指令及含义

STL 助记符	名称	含义
WAND_W	字与	对 IN1 和 IN2 的内容或指令（STL）中累加器 1（STANDARD）和累加器 2（ACCU2）的内容执行逐位与操作
WOR_W	字或	对 IN1 和 IN2 的内容或指令（STL）中累加器 1（STANDARD）和累加器 2（ACCU2）的内容执行逐位或操作
WXOR_W	字异或	对 IN1 和 IN2 的内容或指令（STL）中累加器 1（STANDARD）和累加器 2（ACCU2）的内容执行逐位异或操作

（续）

STL 助记符	名称	含义
WAND_DW	双字与	对 IN1 和 IN2 的内容或指令（STL）中累加器 1（STANDARD）和累加器 2（ACCU2）的内容执行逐位与操作
WOR_DW	双字或	对 IN1 和 IN2 的内容或指令（STL）中累加器 1（STANDARD）和累加器 2（ACCU2）的内容执行逐位或操作
WXOR_DW	双字异或	对 IN1 和 IN2 的内容或指令（STL）中累加器 1（STANDARD）和累加器 2（ACCU2）的内容执行逐位异或操作

（13）其他方面指令

其他方面指令及含义如表 7-22 所示。

表 7-22　其他方面指令及含义

STL 助记符	名称	含义
OPN	开放数据块	将共享（DB）或实例（DI）数据块的编号传输到 DB 或 DI 寄存器。随后的 DB 和 DI 命令访问相应的块
CALL	块调用	使用参数调用 FC、FB、SFC 或 SFB 类型的例程
MOVE (L,T)	赋值（加载和传输）	复制字节、字或双字类型的对象的值
MCR	主控继电器	主控继电器开、关、激活和停用命令。关闭区域中的输出

这是针对西门子 S7 和 TIA Portal 的指令集的概述，并不包括所有指令。有关完整列表，请参阅梯形图和语句表编程参考手册。

7.2　块、数据和语句表

7.2.1　块

S7 程序的元素称为块。这些块（数据块除外）具有可用于传递输入和输出参数的局部变量、可以在内部使用的临时变量以及特定于所用块类型的变量。几种不同类型的块构成一个程序。

1. 组织块（OB）

OB 是包含程序员代码的特殊用途块。它们不能被调用，而是根据时间或事件自动调用。下面列出了其中一些：

OB1——持续运行的组织块。每个平台都有一个起始运行并连续运行的例程，这是为西门子程序服务的。所有 FC 和 FB 程序都从此处调用和发起。

OB10 ~ 17——日期时间中断。这些块根据输入到硬件配置的时间运行。不同的处理器能够处理的 OB10 ~ 17 组织块的数量不同，也就是说不同规格的处理器能够进行的日期时间中断的数量存在区别。该组织块能够用于收集和记录特定时间的数据，如切换。

OB20 ~ 23——延时中断。这些块的运行是基于设置系统块，该系统块定义了对事件的延迟响应，对于数据日志记录和确保事件不会同时发生也很有用。延迟时间在 SFC32（系统功能调用）中指定。

OB30 ~ 38——循环中断。这些块按硬件配置中定义的周期时间运行，对于不需要在 OB1 中连续扫描的事件（如 PID 指令）非常有用。

OB40 ~ 47——硬件中断。这些块基于在能够生成它们的 I/O 模块上设置的硬件事件运行，有时用于报警和超限。

OB55 ~ 57——DPV1 中断。这些块基于 Profibus 事件（DP）运行。诸如读记录或写记录或接收来自 DP Slave 的中断请求之类的事件会触发它们。

OB60——多值计算中断。用于多个 PLC 的同步操作。

OB61 ~ 64——同步循环中断。用于协调 Profibus（DP）中短而等长的过程反应时间。

OB70、72——冗余错误中断。用于 H 系列（冗余）PLC 处理器和相关的 I/O。

OB80 ~ 87——异步错误中断。这些块的运行基于不同的硬件和通信网络错误事件，包括看门狗错误。

OB90——后台组织块。如果指定的最小扫描时间比实际扫描时间长，则 CPU 在循环程序结束时仍有可用的处理时间。如果需要，此时间用于执行后台 OB。

OB100 ~ 102——启动组织块。这些块在启动时运行一次，定义了不同类型的启动，如暖启动、冷启动和热启动。S7-300 平台仅提供暖启动，因此通常使用 OB100。

OB121——编程错误。发生错误时运行，如调用尚未下载的块和指向不存在的数据区域的指针。

OB122——I/O 访问错误。在访问 I/O 模块上数据发生读取错误时运行。

2. 功能（FC）

FC 是一种没有永久内存的逻辑块。它相当于其他平台中的子例程，不需要永久性局部变量。通常，大多数代码都组织在这些块中，这些块是从 OB1 或其他功能或功能块调用的。

临时变量（TEMP）可以在这些块中声明，但是一旦扫描离开程序或功能，临时内存就会被其他块中的其他临时变量覆盖。还可以在这些块中声明输入变量和输出变量，以便将参数传入或传出块，从而使参数可以多次使用。

3. 功能块（FB）

FB 是具有永久内存的逻辑块。这些块就像 FC 一样的子例程，必须调用。它们也有一个称为 STAT 的静态变量字段。调用功能块时，必须为其分配一个数据块。这种类型的 DB 被称为实例数据块。每个块的调用都需要有它自己的实例数据块。实例数据块可以自动创建，包含输入、输出和静态变量。

功能块也有临时变量，这些变量通常作为占位符用于中间计算。

4. 数据块（DB）

DB 是一种有组织的数据块，可以包含混合数据类型、UDT、数组等。数据块有两种类型：一类是全局块，其数据由程序员输入并可用于所有块和例程；另一类是实例块，在调用功能块时自动创建。

数据块元素可以通过直接寻址调用，它确定了元素的块编号和字节偏移量，例如"DB6.dbw26"。数据块元素也可以通过符号寻址调用，例如"Drive2.Conveyor-Speed"。元素名称和数据类型直接被键入到块的定义中，数据块的名称在创建数据块时或在符号表中定义。直接寻址的一个例外出现在数据块被优化的时候。完成此操作后，数据块将被压缩，并且只能使用符号寻址。优化的数据块占用处理器的空间较少，可以更快地访问，但由于缺乏直接寻址功能，HMI 无法访问这些数据块。优化的数据块只能在新版的 TIA Portal 软件和 S7-1500 处理器上运行。

主块 OB1 会被自动放置在块（Blocks）文件夹中，如图 7-40 所示。其他块根据需要创建，创建方式可以从管理器的插入（Insert）菜单项中选择，或者右键单击块文件夹并选择"插入新对象"（Insert New Object），如图 7-41 所示。

当插入新的块时，将出现一个对话框，允许为该块命名，如图 7-42 所示。名称会自动显示在符号表中。应用于函数、功能块和数据块的编号并不重要，但组织块编号则是根据其用途而特定的。

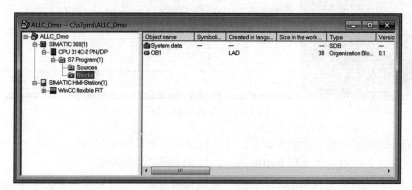

图 7-40　主块 OB1

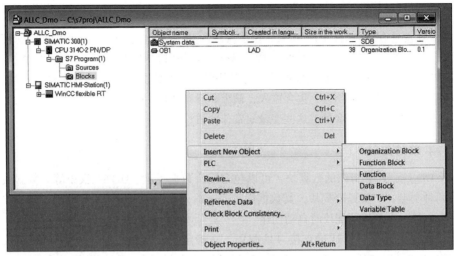

图 7-41　插入新对象

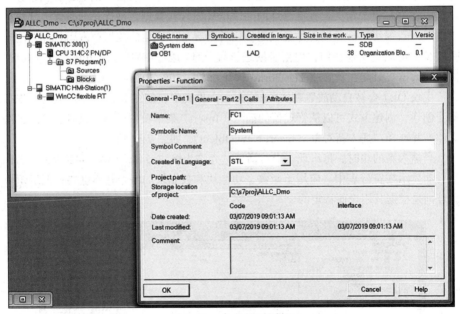

图 7-42　命名的对话框

在创建块时也指定了编程语言，可以从编辑器中的视图（View）菜单项中更改。创建块后，双击块文件夹中的图标，打开该图标进行编辑。

通过从编辑界面顶部的基本指令快捷图标或左侧的文件夹中选择指令来插入指

令，如图 7-43 所示。对函数和功能块的调用是通过双击它们或从指令的相应块文件夹中拖动它们来实现的。当然，在块创建之前不能调用它们，未经调用的块的内部的代码不会运行！

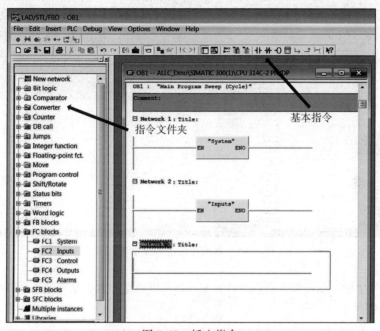

图 7-43　插入指令

在块中编辑代码后，应保存该块并将其下载到处理器中。编辑界面顶部有几个图标可用于联机在线、保存、下载和在线查看模块等，如图 7-44 所示。

图 7-44　编辑窗口的功能图标

与许多其他 PLC 平台不同，西门子平台中的块会被单独下载到处理器中。这会使用户很难知道这些块是否已下载，或者保存的块是否与 CPU 中的块相同。

在西门子管理器（Simatic Manager）中，有一个图标允许查看进程中的块。请注意，除了程序员创建的块之外，还有其他块；这些是系统块，稍后将讨论。在图 7-45 中，离线视图显示有六个块，但只有四个块已被下载到 PLC 中。要保证在下载 OB1 和调用函数之前，所有被调用的块均已下载！如果在块不存在的情况下调用它们，CPU 将出现故障。联机在线视图的主要目的就是确定块的存在。

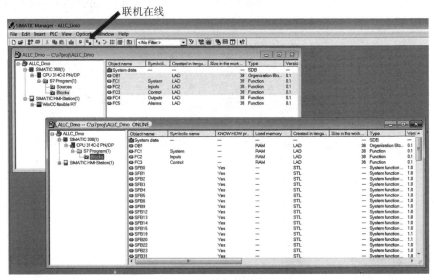

图 7-45　联机在线进程显示窗口

符号地址可以在输入到程序时分配，也可以直接一次性全部输入到符号表中，如图 7-46 所示。

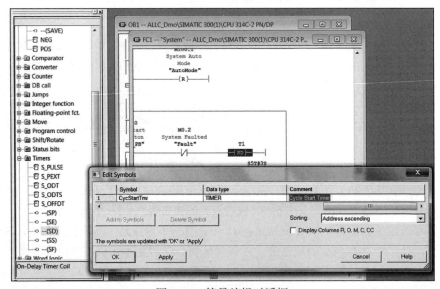

图 7-46　符号编辑对话框

通常，首先分配的是 I/O 地址，同时分配系统控制地址，如自动和手动模式、自动循环、故障的地址，以及应用于整个系统的其他地址。直接在符号表中输入这些地址更容易。

许多指令的地址将从全局数据块中分配，不会分配到标记内存。这些不会显示在符号表中，如图 7-47 所示。

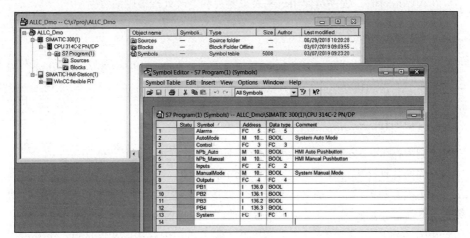

图 7-47　符号表

5. 系统功能（SFB 和 SFC）

下载程序时，系统功能（SFC）和系统功能块（SFB）已在处理器中。它们就像常规的 FC 和 FB，由西门子处理器创建的，以完成各种任务。可以从编辑界面左侧的 SFB 块和 SFC 块文件夹中调用它们。

西门子创建的其他 FB 和 FC 块可从同一部分的资源库文件夹中选择，但必须像下载常规模块一样下载这些块。

还有一些其他对象不必下载到处理器，只存在于编程计算机中，这些对象将在以下部分列出。

7.2.2　数据

需要记住的一点是：无论在 S7-300 和 S7-400 处理器上，还是在较新的 S7-1200 和 S7-1500 处理器上，西门子的所有数据都是基于字节的。这意味着位、字、实数、定时器、计数器和其他结构的地址都是多个 8 位段。要直接访问数据，尤其是在 S7-300 和 400s 中，地址必须按照字节数和数据类型指定。在较新的 TIA Portal 软件和硬件上，所有寻址都是符号化的，这一点不太重要。

1. 数据类型

用户定义的数据类型（UDT），如本书其他部分中定义的那样，这些也称为结构。

2. 变量表（VAT）

在程序运行时，程序员使用这些表来监视和更改处理器中的数据。

3. 符号表

块和内存地址在此处命名，或者在软件中创建变量或创建块时命名。当然，不一定非要为变量和块命名，但最好这样做。

4. 标记内存

标记内存（Marker memory）已存在于处理器中，并根据需要使用。

不同的处理器将具有不同数量的标记内存，使用字母"M"寻址。

标记内存和西门子中的所有其他寻址都是基于字节的。这意味着字、双字、实数和所有其他寻址都位于字节级别进行寻址，并根据需要组合字节。

在图 7-48 中，字节 0、字 0 和双字 0 实际上占用内存中的相同区域。字 0 占用字节 0 和字节 1 的内存，而双字 0 占用字节 0、1、2 和 3 的内存。这意味着此示例的标记内存地址将为 MB0、MW0 和 MD0。正是因为这样，西门子程序员通常只使用偶数地址。如果使用 MD0，则下一个可用字是 MW4；如果需要双字，则为 MD4。

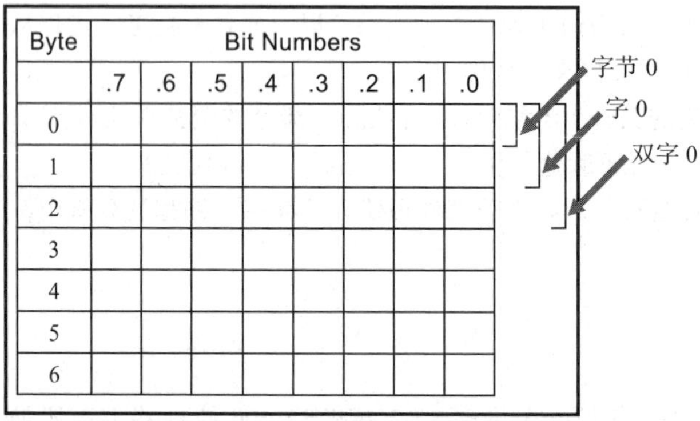

图 7-48　字节、字、双字存储区域

位在 0 ~ 7 范围内寻址，如 M6.2，表示第六字节的第三位。

在数据方面，西门子也非常严格。虽然在西门子中，整数和字的大小相同（2个字节或 16 位），但它们的处理方式不同。整数可用于数学运算，而字只能用于逻辑运算, 如 AND/OR。双字和双整数具有相同的限制。

当然, 实数也占据双字的空间。在讨论数据时, 区分数据类型和它占用的空间是非常重要的, 一个字可以表示两种不同的含义: 数据类型或两个字节。

在符号表中定义符号之前, 标记内存中的数据没有数据类型, 可以互换使用。一旦用户命名了它, 有关整数 (integer) 或字 (word) 的规则就会应用, 因为必须声明数据类型。

5. 更多有关寻址

如前所述, 西门子寻址的所有内容都是基于字节的。这意味着模拟输入和模拟输出地址可能占用多个字节地址, 因此模拟输入 PIW272 (进程输入字 272) 实际上占用输入字节 272 和 273。下一个模拟输入地址将为 PIW274。模拟输出被指定为 PQW (进程输出字)。

数据块也经常需要直接寻址。在图 7-49 所示的数据块中, 有各种数据类型, 包括布尔 (BOOL)、字 (WORD) 和实数 (REAL), 它们都占用了不同大小的空间。左侧地址 (Address) 列显示数据块中的偏移量。如果数据块在符号表中被定义为 "通道" (Channel), 则这些元素可以用符号表示, 例如 "Channels CH1.Scaled"。在图 7-49 中, 此元素的地址偏移量为 12 字节, 下一个地址偏移量是 16 字节。这意味着该元素的长度为 4 个字节; 这是有意义的, 因为 Scaled 类型为 32 位的实数。如果这是数据块 4, 则它的直接地址将是 DB4.DBD12。DBD (Data Block Double Word, 数据块双字) 定义数据的大小, 而不是数据类型。

Scaled 上面的元素是字节偏移量为 10 的字类型, 名字为返回 (Return)。这意味着它的符号地址是 "Channels .CH1.Return", 直接地址将是 DB4.DBW10。在字节偏移 34 处, 双极性 (BiPolar) 元素是一个布尔类型, 其符号地址将是 "Channels. CH2.BiPolar", 直接地址为 DB4.DBX34.0。布尔型元素的地址为 DBX, 因为 DBB 是被预留用于寻址数据块字节的。请注意, 它们也必须指定到位级别。

此示例中的数据块实际上是通过使用 UDT 定义一个名为 "Channel" 元素创建的。其中的两个元素 CH1 和 CH2 在创建块时在声明视图 (Declaration View) 中定义。图中显示的视图称为数据视图 (Data View)。

Address	Name	Type	Initial value	Actual value
0.0	CH1.MinEngineering	REAL	0.000000e+000	0.000000e+000
4.0	CH1.MaxEngineering	REAL	0.000000e+000	0.000000e+000
8.0	CH1.BiPolar	BOOL	FALSE	FALSE
10.0	CH1.Return	WORD	W#16#0	W#16#0

图 7-49　各种数据类型的数据块

12.0	CH1.Scaled	REAL	0.000000e+000	0.000000e+000
16.0	CH1.Temperature_F	REAL	0.000000e+000	0.000000e+000
20.0	CH1.Delta	REAL	0.000000e+000	0.000000e+000
24.0	CH1.InRange	BOOL	FALSE	FALSE
26.0	CH2.MinEngineering	REAL	0.000000e+000	0.000000e+000
30.0	CH2.MaxEngineering	REAL	0.000000e+000	0.000000e+000
34.0	CH2.BiPolar	BOOL	FALSE	FALSE
36.0	CH2.Return	WORD	W#16#0	W#16#0
38.0	CH2.Scaled	REAL	0.000000e+000	0.000000e+000
42.0	CH2.Temperature_F	REAL	0.000000e+000	0.000000e+000
46.0	CH2.Delta	REAL	0.000000e+000	0.000000e+000
50.0	CH2.InRange	BOOL	FALSE	FALSE

图 7-49　各种数据类型的数据块（续）

7.2.3　语句表

西门子编程的关键是语句表（STL）编程。语句表是指令表（IL）的一个版本，它是 IEC 61131 中定义的五种标准语言之一。在西门子编程中，它是许多程序员公认的标准，甚至比梯形图更受青睐。

图 7-50 所示逻辑图显示了梯形图中一个简单模式控制网络。

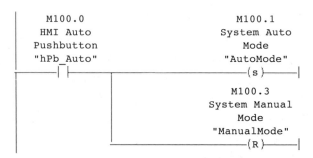

⊟ **Network 1**: Select Auto Mode

图 7-50　梯形图中模式设置

相同的逻辑用 STL 编写如图 7-51 所示。

⊟ Network 1: Select Auto Mode

```
A    "hPb_Auto"      M100.0    --HMI Auto Pushbutton
S    "AutoMode"      M100.1    --System AutO Mode
R    "ManualMode"    M100.3    --System Manual Mode
```

图 7-51　语句表中的模式设置

常开触点显示为 A，表示"与"，常闭触点显示为 AN，表示"与非"。"设置"和"重置"分别表示为 S 和 R，跟梯形图一样。并联触点显示为 O 和 ON，表示"或"和"或非"。

所有其他的 IEC 语言都可以转换为 STL，但并非所有 STL 都可以转换为梯形图。有些指令仅存在于 STL 中，而不存在于 LAD 或 FBD 中。在将 LAD 转换为 STL（结构化语言）时，有时也有 NOP（不操作）占位符和跳转出现，但大多数 STL 程序员不会将 NOP 放在其他代码中，因此 STL 无法转换为 LAD。

语句表比梯形图更有效，但对于不习惯它的维护人员来说，阅读和排除故障可能比较困难。

更复杂的逻辑有时必须使用标签或占位符，图 7-52 所示网络是梯形图中典型的循环启动网络。

要将图 7-52 所示梯形图转换为 STL，请从视图（View）菜单中选择语言，如图 7-53 所示。

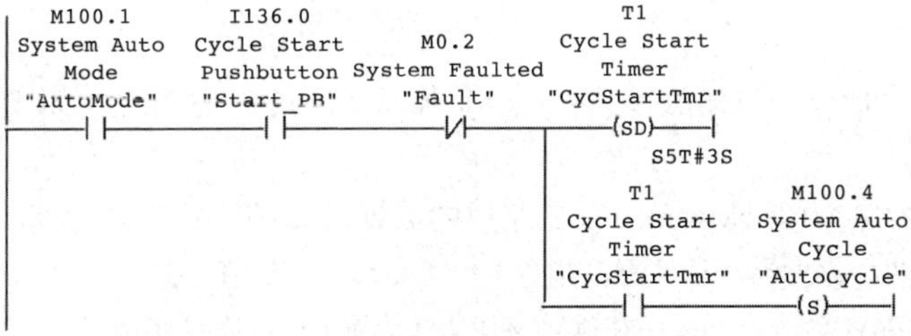

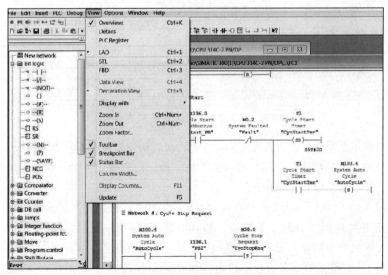

图 7-52　循环启动的梯形图

图 7-53　将梯形图转换为语句表

循环启动的语句表如图 7-54 所示。由于逻辑不仅仅是几条指令，所以在 NC 故障连接之后的分支点处建立了一个标签。此点称为 L0.0，用作下一个逻辑分支的引出点。BLD 指令是一个 null 类型的程序显示命令，它允许在 STL 转换为 LAD 时显示梯形图，可以在不影响程序运行的情况下删除它。如果将其删除，即使已经转换为 LAD，显示仍将保持为 STL。

```
□ Network 3: AutoCycle Start
     A      "AutoMode"         M100.1    -- System Auto Mode
     A      "Start_PB"         I136.0    -- Cycle Start Pushbutton
     AN     "Fault"            M0.2      -- System Faulted
     =      L   0.0
     A      L   0.0
     BLD    102
     L      S5T#3S
     SD     "CycStartTmr"      T1        -- Cycle Start Timer
     A      L   0.0
     A      "CycStartTmr"      T1        -- Cycle Start Timer
     S      "AutoCycle"        M100.4    -- System Auto Cycle
```
图 7-54　循环启动的语句表

Load（L）指令是将值放入其中一个累加器中。这些是 PLC 中用于保存数字的数据寄存器。

图 7-55 为 S7-300 的 Network 6 正在监视的数据移动的联机在线视图。STANDARD 和 ACCU2 是两个累加器。请注意，指令 L1（Load1）中赋值（L）和传输（T）这两行旁边的单元格中都有空格。JNB 正在跳转该代码（使用 BR 状态位不跳转）。如果指令前面的布尔逻辑与（AND）的状态未被寻址，则无论手动模式下的状态如何，代码都将执行。

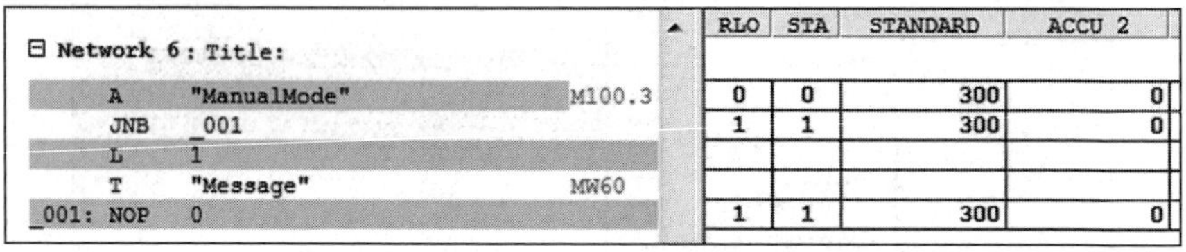

图 7-55　S7-300 Network 6 联机在线视图

所有布尔逻辑指令都需要考虑到这一点：跳转指令通常在语句表中使用。_001：标签将逻辑从 LAD 转换为 STL 时自动产生。标签的长度是 4 个字符长，不能以数字开头，并且总是以冒号结束。

与图 7-55 所示语句表 Load 和 Transfer 等效的梯形图如图 7-56 所示。

S7-300 处理器中有两个累加器，S7-400 处理器中有三个累加器，它们充当数字操作（如赋值和数学运算）的"堆栈"。当一个数字赋值到 STANDARD（累加器 1）中时，累加器 1 中原有的数字移到 ACCU2（累加器 2）。先前在 ACCU2 中的任何数字都会丢失，被从堆栈中擦除。

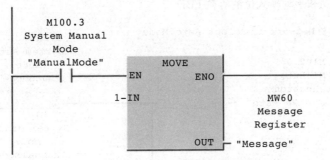

图 7-56　与图 7-55 等效的梯形图

在手动模式置为真之前，数字 300 位于先前操作的累加器 1 中。在 Load（L）赋值指令之后，数字 300 被赋值给累加器 2，累加器 1 中的值被 1 取代，如图 7-57 所示。

			RLO	STA	STANDARD	ACCU 2
Network 6: Title:						
A	"ManualMode"	M100.3	1	1	300	0
JNB	001		1	1	300	0
L	1		1	1	1	300
T	"Message"	MW60	1	1	1	300
001: NOP	0		1	1	1	300

图 7-57　S7-400 Network 6 联机在线视图

其他使用累加器的数学操作以相同的方式执行。以下说明两个实数相加：

L 27.3

L 10.62

+ R

T MD54

双字寄存器 MD54 中的数字是 37.92，即数字相加的结果。累加器 1 也将具有相同的数字，而累加器 2 中的数字是 10.62，这是最后一条赋值指令的结果。数学运算可以在语句表中快速输入。

7.3　其他语言

西门子软件支持所有 IEC 61131 语言；但是，某些版本可能不具备此功能。有关详细信息，请参阅本书中的西门子 S7 PLC 软件说明。

7.3.1　功能框图

　　功能框图（FBD）是所有 S7 软件包中的标准语言。图 7-58 所示逻辑是前面所示的锁存自动和手动模式位的等效 FBD。

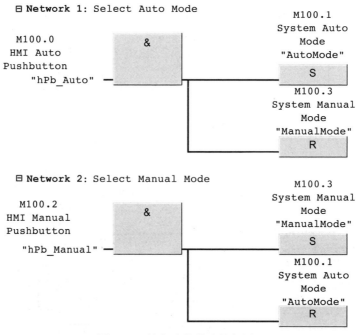

图 7-58　锁存功能的功能框图

　　与语句表一样，FBD 是从编辑器中的视图（View）菜单项中选择。所有的 FBD 都可以转换为 STL，但并非所有 STL 都可以转换为 FBD 或梯形图。

7.3.2　结构化控制语言

　　结构化控制语言（SCL）是西门子的结构化文本版本。它是支持西门子对象（例如数据块）的高级语言，并且具有西门子结构（包括 OB、FB、FC 和 DB）的模板。与大多数高级语言一样，它使用诸如 IF-THEN-ELSE、CASE、FOR、WHILE 和 REPEAT（循环）等控制结构。

　　SCL 是一种编译语言，并不包含在所有西门子 PLC 软件包中，但可以单独购买。SFC 块是从西门子管理器中的源（Sources）文件夹创建的。

　　图 7-59 所示的代码是结构化控制语言的一个示例，不同的颜色和字段是结构化

文本语言编辑器的典型特征。与大多数高级语言一样，语法非常重要；例如，上述代码中的多个分号有一个缺失，程序都不会编译。

```
SCL_Example -- Advanced_Solutions\Solutions\CPU 314C-2 PN/DP
FUNCTION FC34: INT

TITLE = 'SCL Example'
VERSION: '1.0'
AUTHOR: ATrain
//KNOW_HOW_PROTECT

VAR_INPUT
  IN1: REAL ;
  IN2: REAL ;
END_VAR
VAR_OUTPUT
  OUT: REAL ;
END_VAR
BEGIN

  //Use a different formula based on the input values
  IF IN1 >= IN2 THEN
    OUT := (IN1 * 10) + 2;
  ELSE
    OUT := (IN2 * 5) + 10;
  END_IF;

  //Flag an error if the value is out of range
  //for integer values
  IF OUT > 32768 OR OUT < -32767 THEN
    FC34 := 1;
  ELSE
    FC34 := 0;
  END_IF;

END_FUNCTION
```

图 7-59　结构化控制语言示例

SCL 编辑器菜单与标准编辑器类似，如图 7-60 所示。但它具有多个附加功能，书签可以放置在代码中，以便程序员可以将它轻松地从一段代码移动到另一段代码。调试工具可用于在程序中插入断点，一次运行一段。

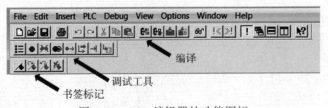

图 7-60　SCL 编辑器的功能图标

编写 SCL 程序后，必须保存并编译它。编译图标旁边的图标允许选择编译的块，而不是编译所有内容。如果再次发现错误，则会弹出一个对话框，可帮助确定错误类型。

编译完该块后，它将显示在西门子管理器的块（Blocks）文件夹中，并且像其他块一样下载。若在管理器中双击块，则将在 SCL 编辑器中打开它。

7.3.3 S7 多语言示例：节点故障

图 7-61 的示例显示了不同的西门子语言是如何协同工作的。OB86 是一个时钟，它将在 PLC 机架出现网络问题或故障时运行。此示例中的代码可以确定 Profibus 或 Profinet 网络中出现故障的机架或节点。

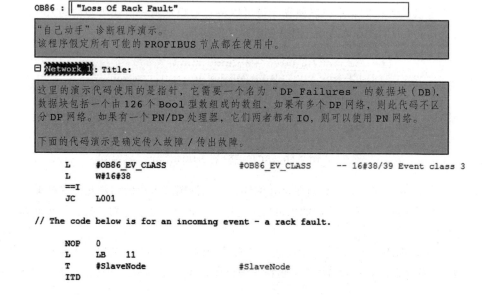

图 7-61 不同西门子语言协同工作

OB86 中的 TEMP 变量包含有关调用该模块的原因信息。以 "OB86_" 开头的变量自动出现在块中，而其他变量则由程序员定义放置位置。

代码的第一部分确定 OB86_EV_CDASS 字节指示节点正在退出故障状态（节点返回、B#16#38、十六进制代码 38）或节点正在进入故障状态（节点故障、B#16#39、十六进制代码 39）。JC（跳转条件）指令将根据数字跳转到相应代码的部分。

```
OB86 :  "Loss Of Rack Fault"

"自己动手" 诊断程序演示。
该程序假定所有可能的 PROFIBUS 节点都在使用中。

Network 1: Title:

这里的演示代码使用的是指针，它需要一个名为 "DP_Failures" 的数据块（DB）.
数据块包括一个由 126 个 Bool 型数组成的数组。如果有多个 DP 网络，则此代码不区
分 DP 网络。如果有一个 PN/DP 处理器，它们两者都有 IO，则可以使用 PN 网络。

下面的代码演示是确定传入故障 / 传出故障。

     L    #OB86_EV_CLASS         #OB86_EV_CLASS      -- 16#38/39 Event class 3
     L    W#16#38
     ==I
     JC   L001

// The code below is for an incoming event - a rack fault.

     NOP  0
     L    LB   11
     T    #SlaveNode            #SlaveNode
     ITD
```

```
       L      L#8
       MOD
       T      #BitNumber                   #BitNumber
       L      LB    11
       L      8
       /I
       SLD    3

       T      #ByteOffset                  #ByteOffset
       L      P#0.0
       +I
       L      #BitNumber                   #BitNumber
       +I
```

上面的代码计算了一个间接寻址的指针。S7 中使用的指针类型有多种，它们必须在 STL 中计算。结果放入程序员定义的变量 #SlaveNode、#BitNumber 和 #ByteOffset 中。P# 是变量用作指针的标签。在本例中，指针的形式为 P#<byte>.<bit>（4 字节）。

指针可以有三种不同的格式；这是三个中最简单的格式。其他两种格式是：
P#<Area><byte>.<bit>（6 字节），中间部分是寄存器 I、Q 或 M；
P#<Area><byte>.<bit> <length>（10 字节），用于移动数据块。
打开数据块并设置相应的位号，以指示出现故障的节点。

```
   │  OPN    "DP_Faults"                  //打开用于故障记录的 DB
      L      #ByteOffset
      L      #BitNumber
      +D                                  //指向字节 / 位偏移量的指针
      T      #ThePointer
      S      DBX [#ThePointer]            //设置代表机架号的位


// =======================================================

// 这是用于输出（清除）故障的

L001: NOP    0                            //启动代码，清除故障位
      L      #OB86_EV_CLASS               //故障被清除了所以清除位号
      L      W#16#39
      ==I                                 //传入事件
      JC     L002

      L      LB    11                     //获取节点号（本地数据 11
      T      #SlaveNode                   字节）
      ITD
      L      L#8
      MOD                                 //以字节为单位计算位数
      T      #BitNumber
      L      LB    11                     //在本地栈的 DB 机架号
      L      8                            //计算数据块中的字节偏移量
      /I
      SLD    3
```

```
    T       #ByteOffset
    L       P#0.0
    +I
    L       #BitNumber
    +I

    OPN     "DP_Faults"
    L       #ByteOffset
    L       #BitNumber
    +D                          //指向字节指针 / 字节偏移量
    T       #ThePointer         //默认清除重置字节
    R       DBX [#ThePointer]

L002: NOP   0                   //结束
```

代码的后半部分执行相同的功能，计算指针以重置故障位。

此代码不包括错误检查，也没有考虑多个网络。

下面的 SCL 代码创建 FB86，它通过使用节点故障的类型和类来确定它是 Profibus 还是 Profinet 类型的故障。然后用于填充 HMI 故障消息的内容。

```
FUNCTION_BLOCK FB86

VERSION : '0.1'
//用于 DP/PN 诊断的示例 SCL
   VAR_INPUT
      FaultID : Byte;
      ClassID : Byte;
      Rack_Z23 : DWord;
   END_VAR

   VAR
      DP_RacksFaulted : Array[0..125] of Bool;
      PN_RacksFaulted : Array[0..125] of Bool;
   END_VAR

   VAR_TEMP
      RackID : Int;
      SystemID : Int;
   END_VAR


BEGIN
      RackID := 0;
      SystemID :=0;

   //检查 DP 故障代码
   IF FaultID = W#16#C4 OR  FaultID = W#16#C5 OR FaultID = W#16#C6 OR
      FaultID = W#16#C7 OR FaultID = W#16#C8 THEN
         RackID := DWORD_TO_INT(Rack_Z23 & W#16#ff);
         SystemID := DWORD_TO_INT((SHR(IN:=Rack_Z23, N:= 8)) &W#16#F);

      CASE BYTE_TO_INT(ClassID) OF
        56 :  DP_RacksFaulted[RackID]:= FALSE;
```

```
   57 :  DP_RacksFaulted[RackID]:= TRUE;

  END_CASE;

  END_IF;

//检查 PN 故障代码
  IF FaultID = W#16#CA OR  FaultID = W#16#CB OR FaultID = W#16#CC OR
     FaultID = W#16#CD THEN
  RackID := DWORD_TO_INT(Rack_Z23 & W#16#3fff);
  SystemID := DWORD_TO_INT((SHR(IN:=Rack_Z23, N:= 8))& W#16#F);

  CASE BYTE_TO_INT(ClassID) OF
    56 :  PN_RacksFaulted[RackID]:= FALSE;

    57 :  PN_RacksFaulted[RackID]:= TRUE;

  END_CASE;

  END_IF;


END_FUNCTION_BLOCK
```

编译 SCL 代码将生成 FB86，之后将其下载到处理器。然后，将对 FB86 的调用放在网络 2（见图 7-62）中，网络 2 在 OB86 网络 1 中的指针逻辑之后。

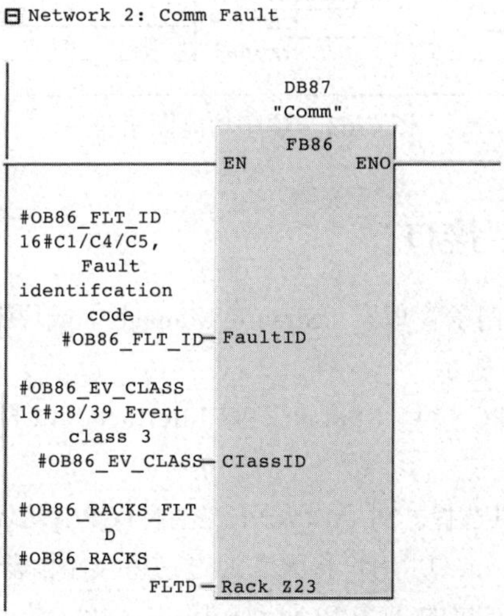

```
Network 2: Comm Fault
```

图 7-62　网络 2

DB87（数据块 87）包含 SCL 代码在 VAR_INPUT 部分中说明的输入变量 faultID、ClassID 和 Rack_Z23，以及 DP_RacksFaulted 和 PN_RacksFaulted 两个数组。这两个数组都是布尔型的，而且每个数组都包含系统中每个可能扩展机架的一个位号。

网络 1 控制的 DB86 "DP_Faults" 和 FB86 控制的 DB87 "Comms" 两个数据块之间可以确定和记录故障类型 (PN/DP)、故障节点号和故障机架号。OB86_Date_Time 也可用 OB86TEMP 变量来记录节点发生故障或返回的时间。

7.3.4 S7 Graph

Graph (顺序功能图语言) 与 SCL 一样, 是源自 S7 程序中源 (Sources) 文件夹中的编译语言, 如图 7-63 所示。它是西门子版的 SFC, 一种 IEC 61131 PLC 语言。它由步骤 (S#) 和传输 (T#) 组成。在西门子的 "Help on S7–Graph:Programming Sequentil Control Systems" 一文中有一个关于钻井操作的极好例子。

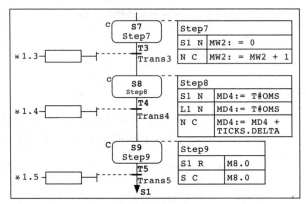

图 7-63 顺序功能图语言

7.4 设置 PG-PC 接口

驱动的设置可在西门子管理器 (Simatic Manager) 或块编辑器的选择 (Options) 菜单中找到, 如图 7-64 所示。

1) 选择设置 PG/PC 接口 (Set PG/PC Interface) 以打开对话框, 如图 7-65 所示。

2) 有一些驱动可供选择。对于以太网, 选择 TCP/IP 驱动。

如果选择了自动 (Auto), 用户将无法通过网桥或路由器进行通信。如果使用路由器, 请选择以 ".1" 结尾的 TCP/IP 驱动程序。

3) 点击属性 (Properties) 按钮可以修改驱动和网卡的属性 (网络属性), 如图 7-66 所示。

要查看连接到的处理器, 请在 PLC 菜单下选择 "显示可访问节点" (Display Accessible Nodes)。由于西门子软件通过 MAC 地址而不是 IP 地址查找设备, 因此即使以太网掩码（域）外部的设备也可以看到。

其他驱动可以从设置 PG/PC 接口（Set PG/PC Interface）对话框中选择，包括 MPI（串行 RS232、9 引脚端口）和 Profibus（RS485）。两者都需要一个特殊的适配器。

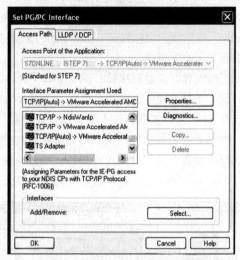

图 7-64　西门子管理器的选择菜单　　　　图 7-65　设置 PG/PC 接口对话框

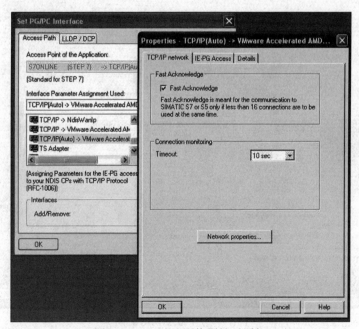

图 7-66　TCP/IP 网络属性对话框

TIA Portal

在 TIA Portal 中选择下载图标将打开一个对话框，如图 7-67 所示，可以从标题为 " PG/PC 接口的类型（Type of the PG/PC Interface）" 的列表中选择不同类型的驱动。PLC 名称显示在配置的访问节点的列表中，可以通过单击 "开始搜索（Start search）" 按钮找到目标设备。如果网络上存在多个处理器，则可以通过闪烁 LED 帮助识别工作的处理器。

正确设置好驱动程序后，除非下载了硬件，否则处理器不会停止工作。

如果下载了硬件，则会出现另一个界面，提示用户重新启动模块，如图 7-68 所示。与 S7 一样，下载软件不需要停止处理器。

如果更改了数据块，则它们必须重新初始化，这有可能改变数据块的内容。由于这样可能会中断程序的正确操作，因此系统会提示用户重新初始化数据块，相应的 "Action" 字段为红色，显示 "无操作"（no action），如图 7-69 所示。

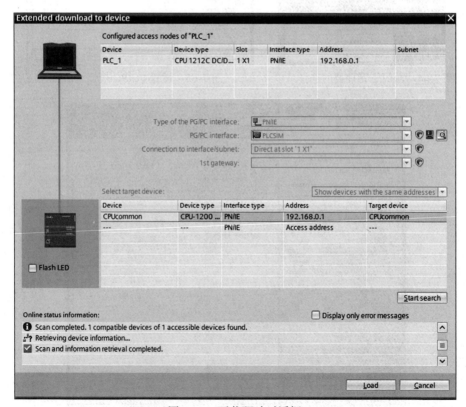

图 7-67　下载驱动对话框

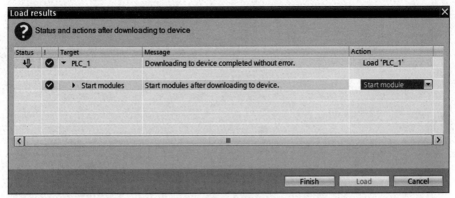

图 7-68　下载结果

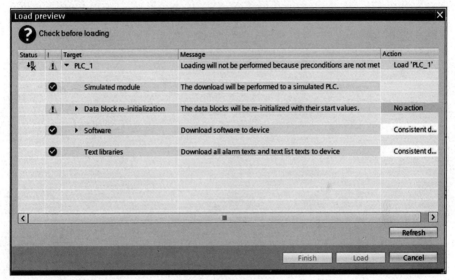

图 7-69　下载预览

附　　录

主要的 PLC 平台

以下是一些主要的 PLC 制造商、网站和母公司所属国家。

ABB-Switzerland	http://new.abb.com/plc
Allen-Bradley-USA	http://ab.rockwellautomation.com/Programmable-Controllers
Automation Direct-USA	https://www.automationdirect.com/
B&R-Germany	http://www.br-automation.com/en-us/products/control-systems/
Beckhoff-Germany	http://www.beckhoff.com/
Bosch-Germany	http://www.boschrexroth.com/
GE Fanuc-USA	http://www.geautomation.com/products/programmable-automation-controllers
Hitachi-Japan	http://www.hitachi-ies.co.jp/english/products/plc/index.htm
Idec-Japan	http://us.idec.com/Home.aspx
Keyence-Japan	http://www.keyence.com/products/controls/plc-package/index.jsp
Koyo-Japan	http://www.koyoele.co.jp/english/product/plc/
Mitsubishi-Japan	http://www.mitsubishielectric.com/fa/products/cnt/plc/
Omron-Japan	https://industrial.omron.us/en/products/programmable-logic-controllers
Panasonic-Japan	https://na.industrial.panasonic.com/products/industrial-automation/factory-automation-devices/programmable-controllers

Siemens-Germany   http://w3.siemens.com/mcms/programmable-logic-
                          controller/en/Pages/Default.aspx

Toshiba-Japan   http://www.toshiba.com/tic/industrial-systems/plcs

另外还有一些小的 PLC 平台（小品牌或可能过时）：Cutlery-Hammer、Eagle-Signal（Eptak）、Giddings & Lewis、Philips（飞利浦）、Square D、Texas Instruments（德州仪器）、Triconex、Velocio、Vipa、Westinghouse（西屋）。

附录 B AppendixB

ASCII 表

表 B-1 基本 ASCII 表

Dec	Hx	Oct	Char
0	0	000	NUL(null)
1	1	001	SOH(start of heading)
2	2	002	STX(start of text)
3	3	003	ETX(end of text)
4	4	004	EOT(end of transmission)
5	5	005	ENQ(enquiry)
6	6	006	ACK(acknowledge)
7	7	007	BEL(bell)
8	8	010	BS(backspace)
9	9	011	TAB(horizontal tab)
10	A	012	LF(NL line feed, new line)
11	B	013	VT(vertical tab)

Dec	Hx	Oct	Html	Char
32	20	040	&#32;	Space
33	21	041	&#33;	!
34	22	042	"	"
35	23	043	&#35;	#
36	24	044	&#36;	$
37	25	045	&#37;	%
38	26	046	&	&
39	27	047	'	'
40	28	050	&#40;	(
41	29	051	&#41;	)
42	2A	052	&#42;	*
43	2B	053	&#43;	+

Dec	Hx	Oct	Html	Char
64	40	100	&#64;	@
65	41	101	&#65;	A
66	42	102	&#66;	B
67	43	103	&#67;	C
68	44	104	&#68;	D
69	45	105	&#69;	E
70	46	106	&#70;	F
71	47	107	&#71;	G
72	48	110	&#72;	H
73	49	111	&#73;	I
74	4A	112	&#74;	J
75	4B	113	&#75;	K

Dec	Hx	Oct	Html	Char
96	60	140	&#96;	`
97	61	141	&#97;	a
98	62	142	&#98;	b
99	63	143	&#99;	c
100	64	144	&#100;	d
101	65	145	&#101;	e
102	66	146	&#102;	f
103	67	147	&#103;	g
104	68	150	&#104;	h
105	69	151	&#105;	i
106	6A	152	&#106;	j
107	6B	153	&#107;	k

12	C	014	FF(NP form feed, new page)	44	2C	054	,	,	76	4C	114	L	L	108	6C	154	l	l
13	D	015	CR(carriage return)	45	2D	055	-	-	77	4D	115	M	M	109	6D	155	m	m
14	E	016	SO(shift out)	46	2E	056	.	.	78	4E	116	N	N	110	6E	156	n	n
15	F	017	SI(shift in)	47	2F	057	/	/	79	4F	117	O	O	111	6F	157	o	o
16	10	020	DLE(data link escape)	48	30	060	0	0	80	50	120	P	P	112	70	160	p	p
17	11	021	DC1(device control 1)	49	31	061	1	1	81	51	121	Q	Q	113	71	161	q	q
18	12	022	DC2(device control 2)	50	32	062	2	2	82	52	122	R	R	114	72	162	r	r
19	13	023	DC3(device control 3)	51	33	063	3	3	83	53	123	S	S	115	73	163	s	s
20	14	024	DC4(device control 4)	52	34	064	4	4	84	54	124	T	T	116	74	164	t	t
21	15	025	NAK(negative acknowledge)	53	35	065	5	5	85	55	125	U	U	117	75	165	u	u
22	16	026	SYN(synchronous idle)	54	36	066	6	6	86	56	126	V	V	118	76	166	v	v
23	17	027	ETB(end of trans. block)	55	37	067	7	7	87	57	127	W	W	119	77	167	w	w
24	18	030	CAN(cancel)	56	38	070	8	8	88	58	130	X	X	120	78	170	x	x
25	19	031	EM(end of medium)	57	39	071	9	9	89	59	131	Y	Y	121	79	171	y	y
26	1A	032	SUB(substitute)	58	3A	072	:	:	90	5A	132	Z	Z	122	7A	172	z	z
27	1B	033	ESC(escape)	59	3B	073	;	;	91	5B	133	[	[	123	7B	173	{	{
28	1C	034	FS(file separator)	60	3C	074	<	<	92	5C	134	\	\	124	7C	174	|	|
29	1D	035	GS(group separator)	61	3D	075	=	=	93	5D	135	]	]	125	7D	175	}	}
30	1E	036	RS(record separator)	62	3E	076	>	>	94	5E	136	^	^	126	7E	176	~	~
31	1F	037	US(unit separator)	63	3F	077	?	?	95	5F	137	_	_	127	7F	177	&#127;	DEL

表 B-2 扩展 ASCII 表

Dec	Char	Dec	Char	Dec	Char	Dec	Char	Dec	Char	Dec	Char	Dec	Char	Dec	Char
128	Ç	144	É	160	á	176	▒	192	∟	208	╨	224	α	240	≡
129	ü	145	æ	161	í	177	▓	193	⊥	209	╤	225	β	241	±
130	é	146	Æ	162	ó	178	█	194	┬	210	╥	226	Γ	242	≥
131	â	147	ô	163	ú	179	│	195	├	211	╙	227	π	243	≤
132	ä	148	ö	164	ñ	180	┤	196	─	212	╘	228	Σ	244	⌠
133	à	149	ò	165	Ñ	181	╡	197	┼	213	╒	229	σ	245	⌡
134	å	150	û	166	ª	182	╢	198	╞	214	╓	230	μ	246	÷
135	ç	151	ù	167	º	183	╖	199	╟	215	╫	231	τ	247	≈
136	ê	152	ÿ	168	¿	184	╕	200	╚	216	╪	232	Φ	248	°
137	ë	153	Ö	169	⌐	185	╣	201	╔	217	┘	233	Θ	249	·
138	è	154	Ü	170	¬	186	║	202	╩	218	┌	234	Ω	250	·
139	ï	155	¢	171	½	187	╗	203	╦	219	█	235	δ	251	√
140	î	156	£	172	¼	188	╝	204	╠	220	▄	236	∞	252	ⁿ
141	ì	157	¥	173	¡	189	╜	205	═	221	▌	237	φ	253	²
142	Ä	158	Pts	174	«	190	╛	206	╬	222	▐	238	ε	254	■
143	Å	159	ƒ	175	»	191	┐	207	╧	223	▀	239	∩	255	

第一部分练习答案

练习1

问题 1～4　略。

问题 5　控制层。

练习2

问题 1　十进制为 27 831，十六进制为 6CB7，八进制为 66 267。

　　　　这个数不能转换为 BCD 码，因为其中两个二进制组高于 1001。

问题 2　有符号整数：−27 255。

问题 3　BCD：0100_0001_0111=417。二进制：1 1010 0001。十六进制：1A1。

问题 4　二进制：10 1010 1001 1110。十进制：10 910。

问题 5　双整数有 4 个字节。

问题 6　一些品牌的 PLC 称标签为符号，但是符号通常是数字数据地址寄存器的快捷方式。

练习3

问题 1　十进制、八进制和十六进制。

问题 2　主程序（The Main Routine）。

问题 3　硬件。

问题 4　模块，通信端口，I/O 网络，地址。

练习 4

问题 1　指令表（IL）、梯形图（LAD）、功能框图（FBD）、结构化文本（ST）、顺序功能图（SFC）。

问题 2　1）读物理输入，将其送到输入映像表。2）处理逻辑。3）将输出映像表写入物理输出。4）完成"内务处理"任务（"Housekeeping" tasks）。

问题 3　可以，例如可以通过在线编辑。

练习 5

问题 1

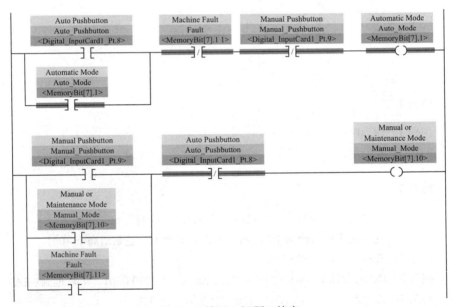

图 C-1　练习 5 问题 1 答案

问题 2

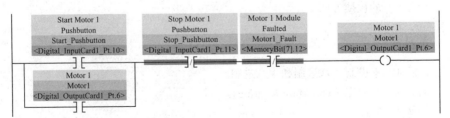

图 C-2　练习 5 问题 2 答案

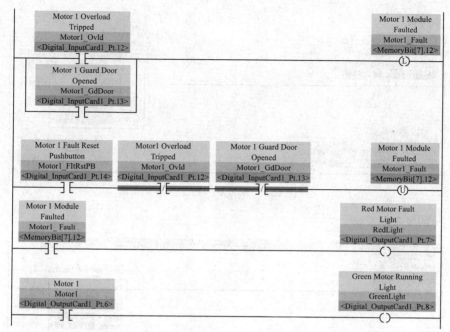

图 C-2　练习 5 问题 2 答案（续）

练习 6

问题 1

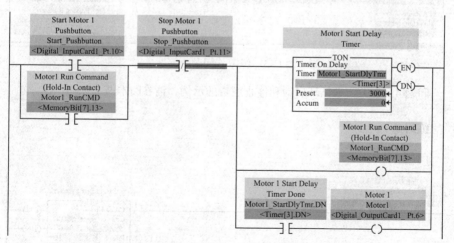

图 C-3　练习 6 问题 1 答案

问题 2

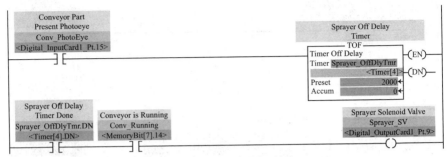

图 C-4　练习 6 问题 2 答案

问题 3

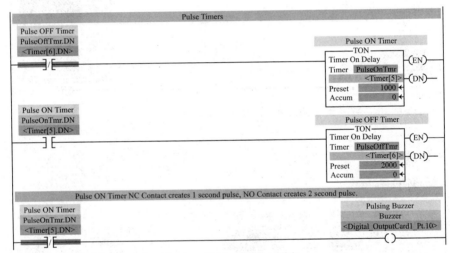

图 C-5　练习 6 问题 3 答案

问题 4　有关自动循环启动和停止逻辑的示例，请参阅本书 7.3.3 节。

练习 7

问题 1

图 C-6　练习 7 问题 1 答案

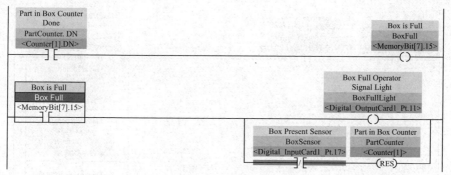

图 C-6   练习 7 问题 1 答案（续）

问题 2

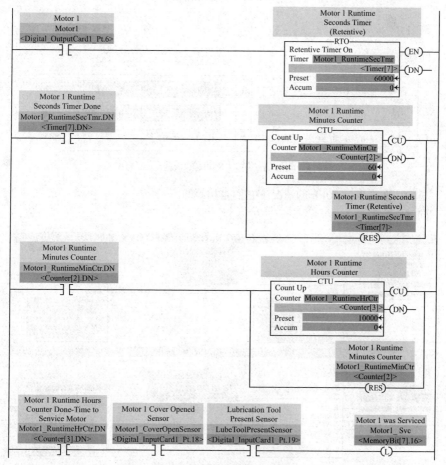

图 C-7   练习 7 问题 2 答案

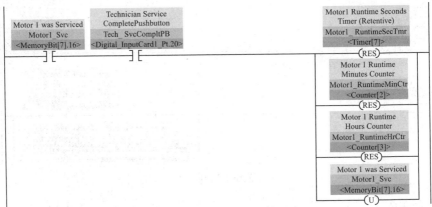

图 C-7　练习 7 问题 2 答案（续）

练习 8

问题 1

A:	0	1	1	1	_	1	0	1	0	_	0	0	1	1	_ 1 0 1 0	31290
B:	0	0	0	1	_	0	0	0	1	_	0	0	1	1	_ 1 0 1 0	4410
掩码:	0	0	0	0	_	0	0	0	0	_	1	1	1	1	_ 1 1 1 1	00FF

图 C-8　练习 8 问题 1 答案

是的，在掩码为 00FF 的情况下它们是相等的。

问题 2

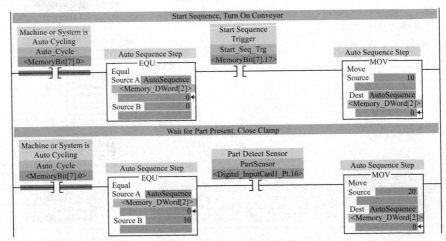

图 C-9　练习 8 问题 2 答案

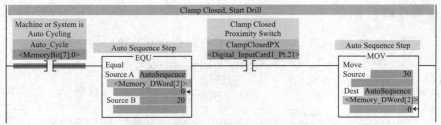

图 C-9　练习 8 问题 2 答案（续）

自动序列递增 10，以便在必要时插入附加的步骤（即步骤 15）。

练习 9

问题 1　　1750 ÷ 31 760=0.0551（比例系数）

检验：31 760 × 0.0551=1749.976，足够接近了！所以，<Sensor Value> ×
0.0551=RPM。

Percent=RPM ÷ Max RPM × 100%

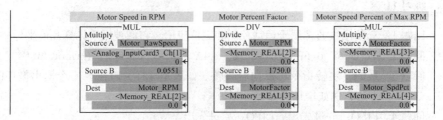

图 C-10　练习 9 问题 1 答案

问题 2

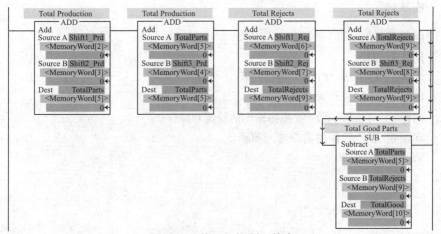

图 C-11　练习 9 问题 2 答案

练习 10

问题 $M=(Y_2-Y_1)/(X_2-X_1)=(6000-0)/(24780-96)=0.24307$

$B=Y_1-(M\times X_1)=0-(0.24307\times 96)=-23.33472$

$1\text{L}=1\text{gal}\times 3.78541$

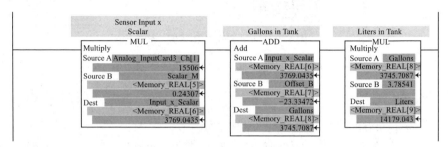

图 C-12 练习 10 问题答案

练习 11

问题 1 三角函数通常用于运动控制和定位应用,它们被用于计算几何坐标。

问题 2 47_G_6F_o_6F_o_64_d_20___4A_J_6F_o_62_b_21_!_Good Job!

问题 3 是的,跳转指令可以向后跳转。如果是这样,就需要一个退出循环的方法,例如增加计数器。

问题 4 FIFO,先进先出。LIFO,后进先出。

问题 5 一个顺序器监视和控制可重复的操作。

练习 12

问题 1 错。

问题 2 对。

问题 3 Q 98.5 "PP04" 将被断开。

问题 4 Q 98.5 将被接通。

问题 5 寻找影响数字 / 模拟输出的线圈和操作。

问题 6 没有线圈的物理输入和触点。

第二部分实验答案

程序没有唯一的解决方案，这段代码满足实验练习的要求。

第 5 章的实验是在 Allen-Bradley MicroLogix 1400 处理器上编写的。使用的软件是 RSLogix500 Micro，这是一个仅用于 MicroLogix 控制器的功能齐全的软件包。

例程和文件如图 D-1 所示。为了使程序员能够联机在线完成所有编程而不必下载，所示的例程以及列出的所有数据文件都已经在处理器中。梯形图 3 到梯形图 9 的名称是在编程开始后确定的。

将 HMI 文件（B11、N12、F13）和仿真文件（B14、N15、F16 和 T17）从标准数据文件中分离出来，这样程序员就不会在其程序中意外使用分配给仿真或 HMI 的地址。

本例中的代码运行正常，它可以被细化和改进。重要的是学生在完成练习时要使用相同的步骤。作者花了大约 2 天（16 个小时）完成了这个练习，如图 D-2 ~ 图 D-10 所示。

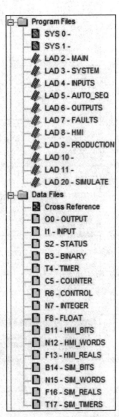

图 D-1 例程和文件

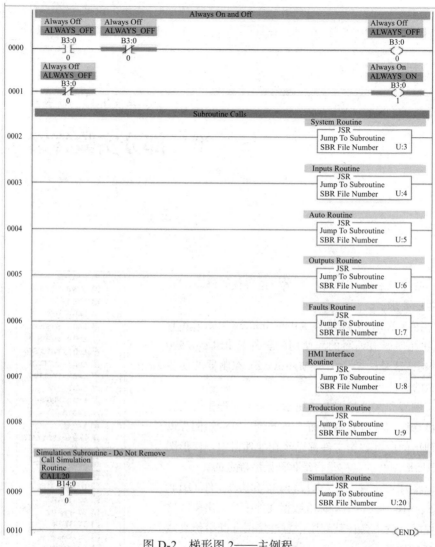

图 D-2　梯形图 2——主例程

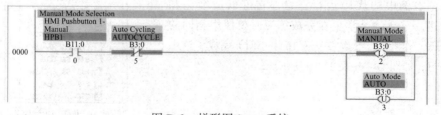

图 D-3　梯形图 3——系统

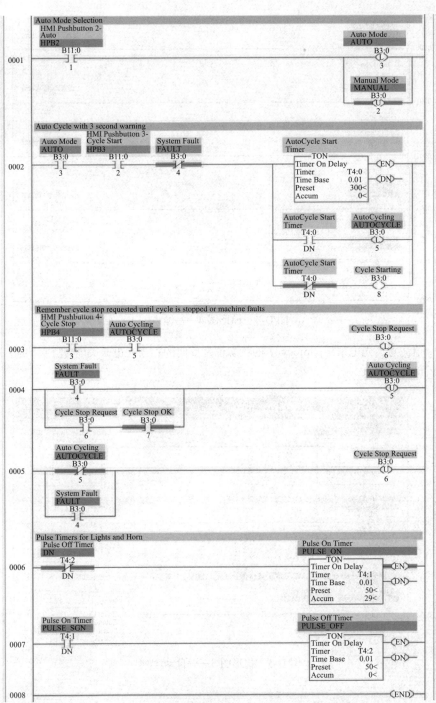

图 D-3　梯形图 3——系统（续）

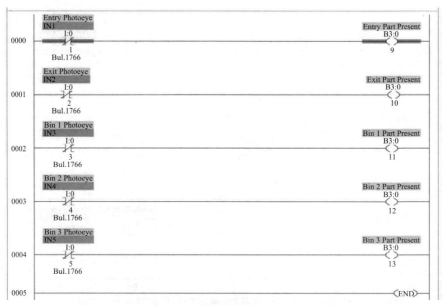

图 D-4　梯形图 4——输入

请注意，光电眼（photoeye）的状态位是反向的；当光电眼关闭（阻塞）时，部件就出现了。

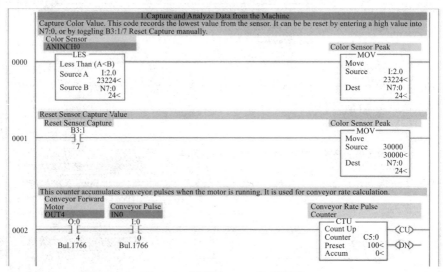

图 D-5　梯形图 5——自动序列

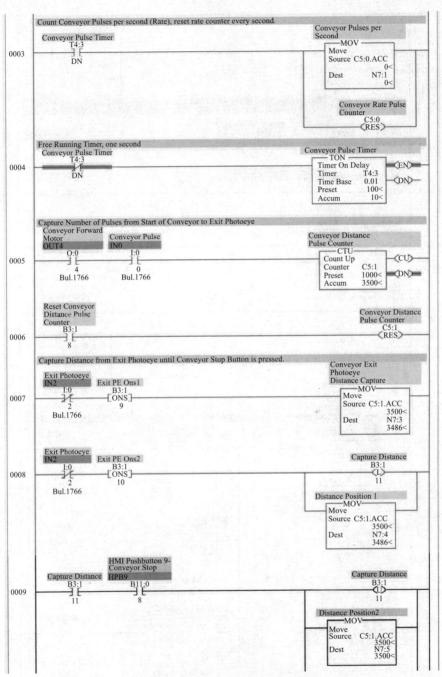

图 D-5　梯形图 5——自动序列（续）

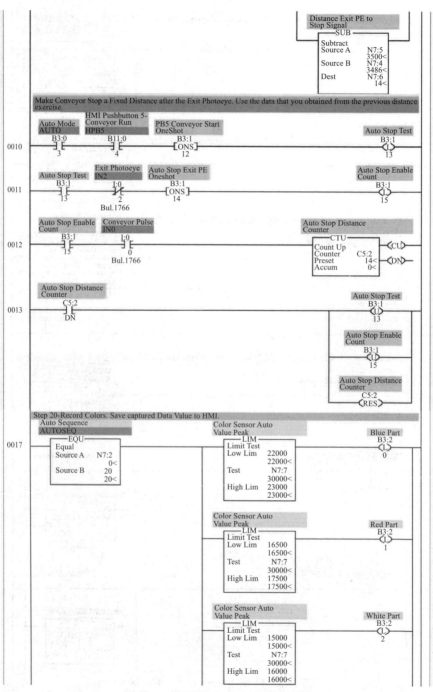

图 D-5 梯形图 5——自动序列（续）

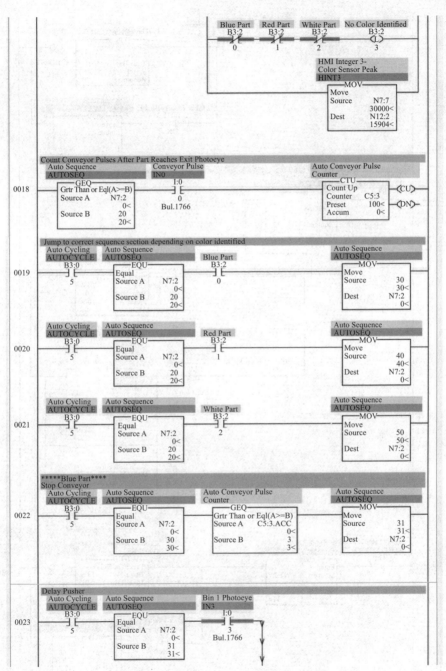

图 D-5　梯形图 5——自动序列（续）

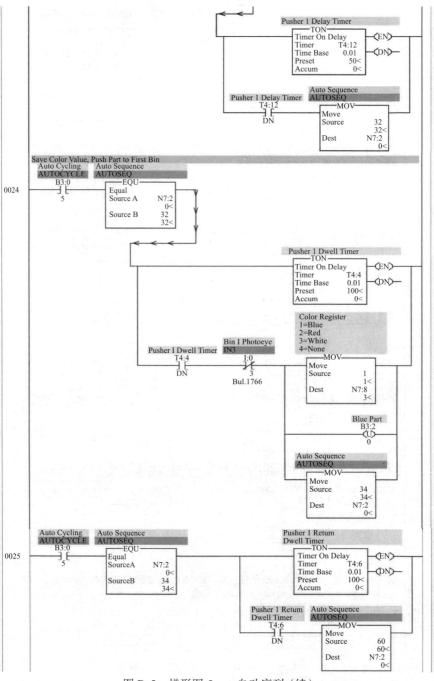

图 D-5　梯形图 5——自动序列（续）

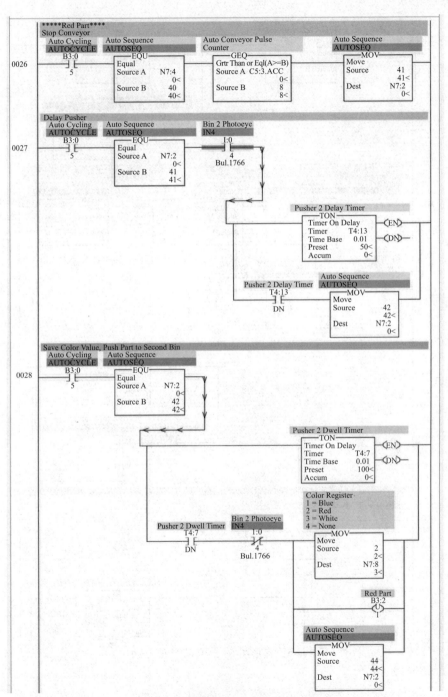

图 D-5 梯形图 5——自动序列（续）

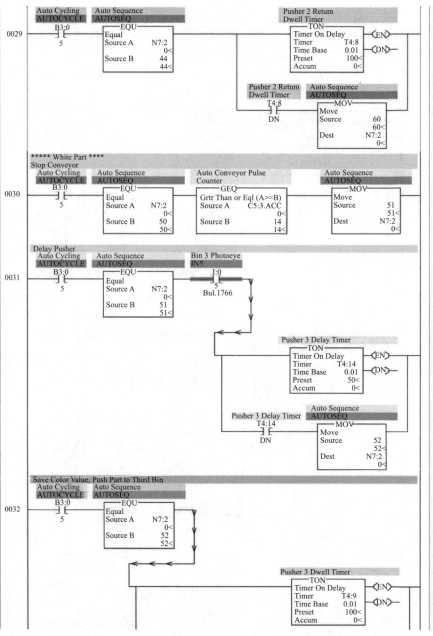

图 D-5 梯形图 5——自动序列（续）

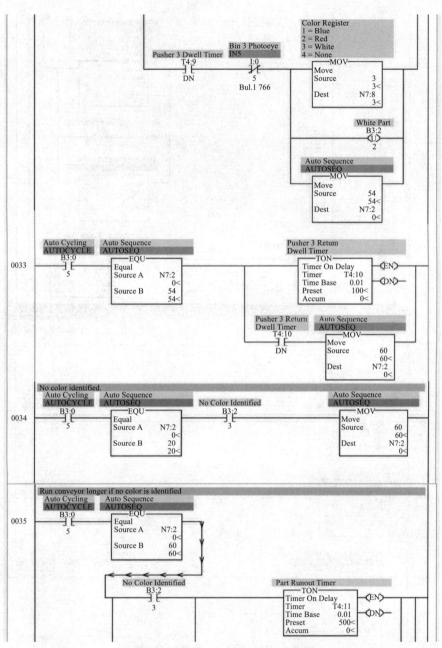

图 D-5 梯形图 5——自动序列（续）

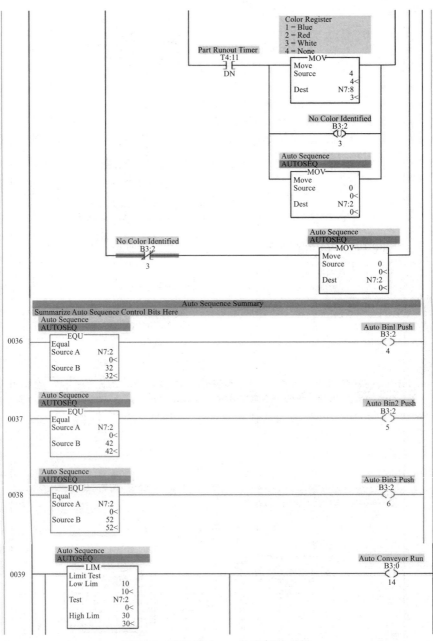

图 D-5　梯形图 5——自动序列（续）

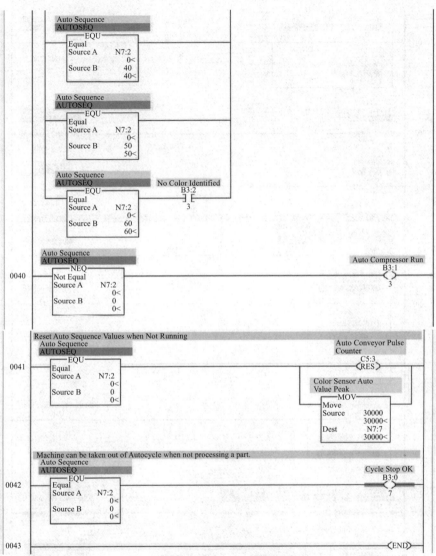

图 D-5　梯形图 5——自动序列（续）

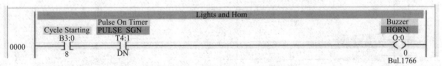

图 D-6　梯形图 6——输出

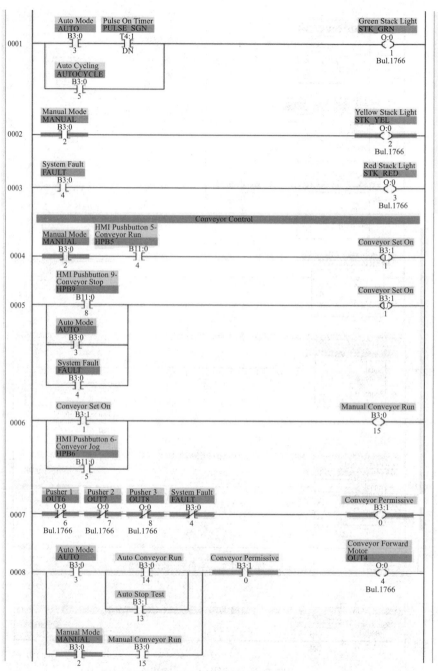

图 D-6　梯形图 6——输出（续）

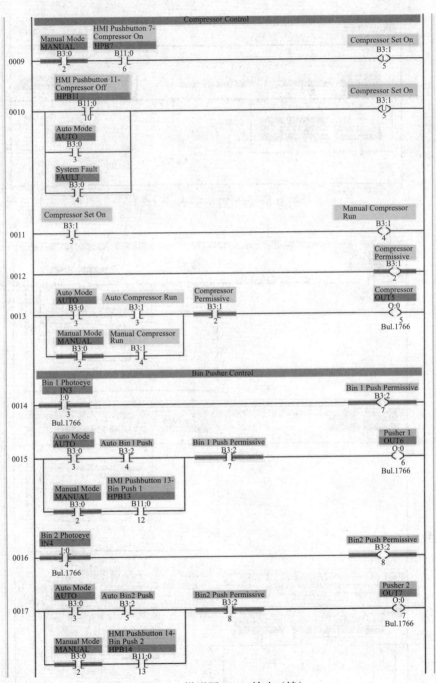

图 D-6　梯形图 6——输出（续）

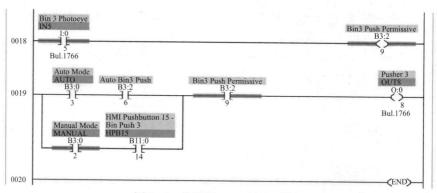

图 D-6　梯形图 6——输出（续）

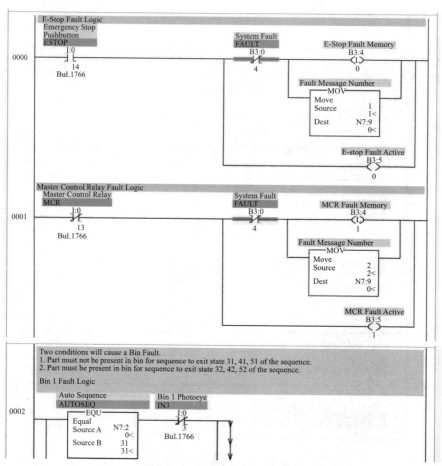

图 D-7　梯形图 7——故障

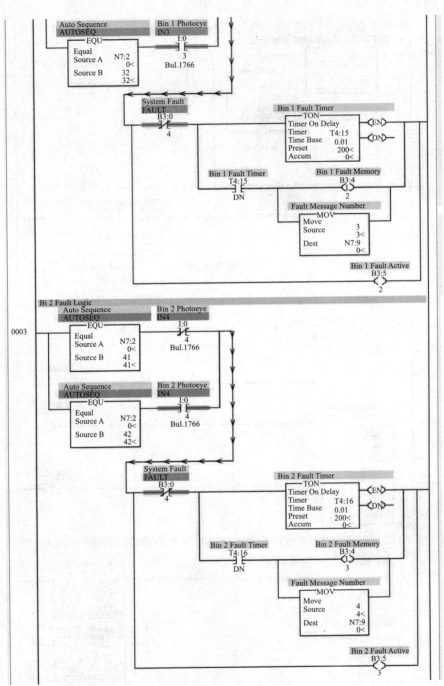

图 D-7 梯形图 7——故障(续)

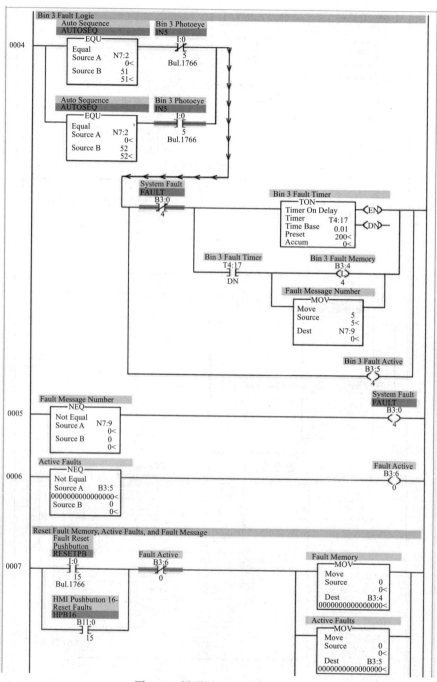

图 D-7　梯形图 7——故障（续）

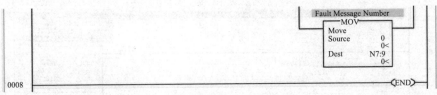

图 D-7   梯形图 7——故障（续）

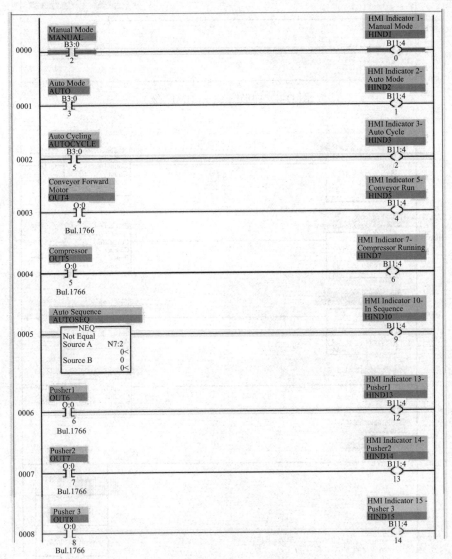

图 D-8   梯形图 8——HMI

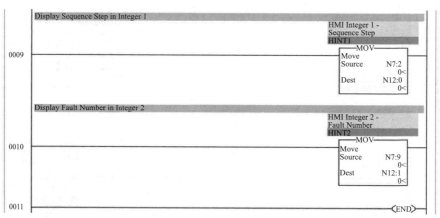

图 D-8　梯形图 8——HMI（续）

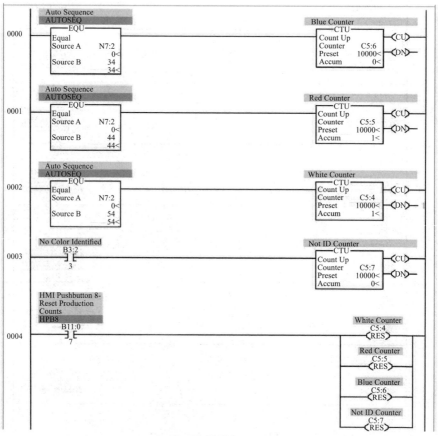

图 D-9　梯形图 9——产品

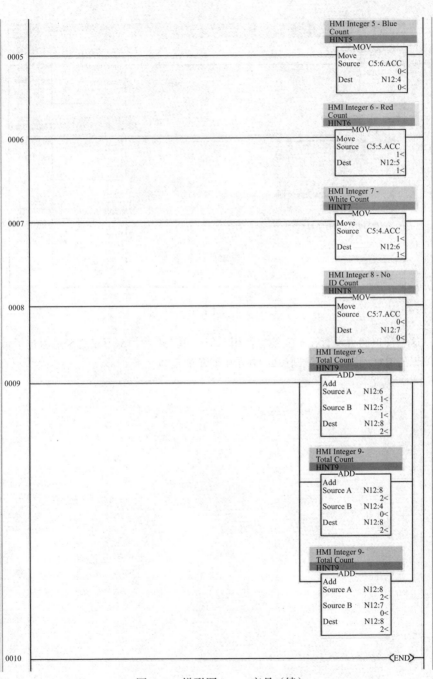

图 D-9   梯形图 9——产品（续）

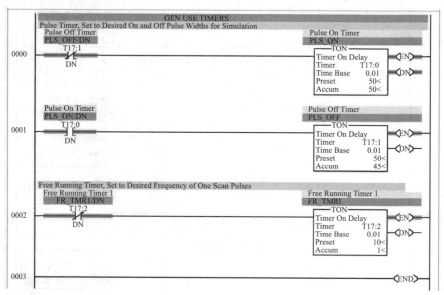

图 D-10　梯形图 10——模拟

这个模拟例程没有在本实验室使用，但会用于后续的练习。这个练习包括带有预编程的 HMI 屏幕和从该例程到 HMI 中对象的反馈元素。

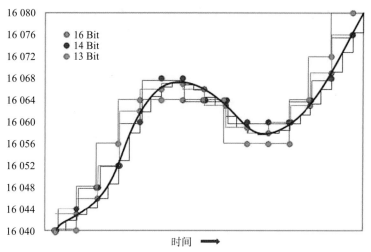

图 1-15   AD 转换结果

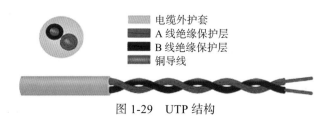

图 1-29   UTP 结构

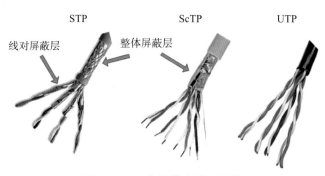

图 1-30   工业通信中的双绞线

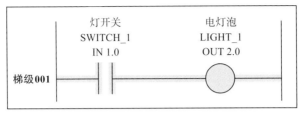

图 3-12　梯形图中设备激活状态

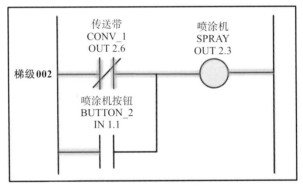

图 3-14　喷涂机控制"或"逻辑

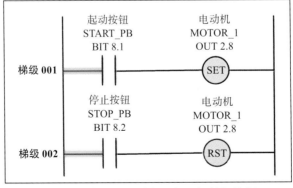

图 3-15　线圈的"锁定"与"解锁"控制

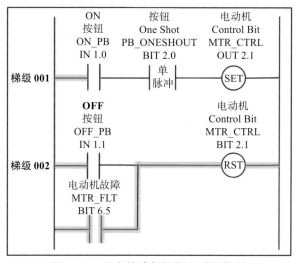

图 3-18 具有故障保护的电动机控制

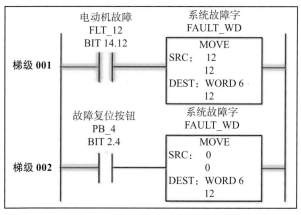

图 3-29 移动故障编号至寄存器

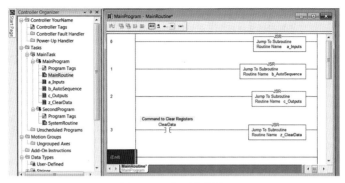

图 6-40　典型主例程

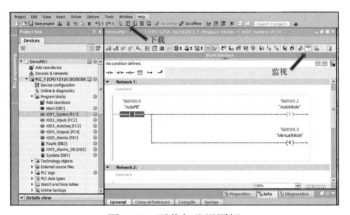

图 7-37　下载与监视图标

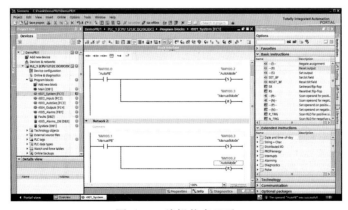

图 7-38　编辑状态显示